Der
Aufbau physikalischer Apparate aus selbständigen Apparatenteilen

(Physikalischer Baukasten).

Von

Wilhelm Volkmann,

Assistent für Physik an der kgl. landwirtschaftlichen Hochschule Berlin.

Mit 110 Textfiguren.

Berlin.

Verlag von Julius Springer.

1905.

ISBN-13: 978-3-642-90504-9   e-ISBN-13: 978-3-642-92361-6
DOI: 10.1007/978-3-642-92361-6

Softcover reprint of the hardcover 1st edition 1933

Universitäts-Buchdruckerei von Gustav Schade (Otto Francke) in Berlin N.

Vorwort des Verfassers.

Wenn man neue Versuche in seine Vorlesung einführt, mehr noch, wenn man praktische Übungen abhält, und bei eigenen Laboratoriumsarbeiten, stellt sich oft die Notwendigkeit ein, aus vorhandenen Apparatenteilen und sonstigen Gegenständen neue Apparate zu improvisieren. Eine kleine Werkstatt hilft über viele Schwierigkeiten hinweg, besonders nützlich aber ist ein gewisser Reichtum an Laboratoriumsstativen, wie sie den Chemikern als Bunsensche Stative altbekannt sind. Leider werden diese Stative zugunsten eines niedrigen Preises von Jahr zu Jahr unsauberer gearbeitet, und so sind denn die aus ihnen aufgebauten physikalischen Apparate bisweilen von einer ihren Gebrauch stark beeinträchtigenden Mangelhaftigkeit, es sind Rohbauten in des Wortes verwegenster Bedeutung. Es zeigte sich, daß durch eine saubere Bearbeitung der Teile die Brauchbarkeit eine die Erwartungen weit übertreffende Steigerung erfuhr, und das ermutigte dazu, diese Stative reicher und reicher auszustatten, andere Apparatenteile in gleicher Weise durchzuarbeiten und, immer auf der Grundlage einer sauberen Arbeit, schließlich recht zarte und feine Stücke dem Apparat mit bestem Erfolg anzugliedern. So entwickelte sich eine vollständige Sammlung vielseitig verwendbarer Apparatenteile, aus denen sich ungemein zahlreiche Hilfsmittel der Vorlesung und der Forscherarbeit zusammenbauen lassen, und sie erhielt den Namen eines physikalischen Baukastens mit Recht, da sie an Vielgestaltigkeit der von ihr ermöglichten Zusammenstellungen dem Baukasten des Kindes am ersten vergleichbar ist. Die folgenden Blätter sollen dazu dienen, die Stücke des physikalischen Baukastens zu beschreiben und von ihrer vielseitigen Verwendbarkeit eine Vorstellung zu geben.

Bei der Durcharbeitung des physikalischen Baukastens wurde ich unterstützt von der Firma Georg Beck & Cie. in Berlin-Rummelsburg, Hauptstr. 4, die nunmehr auch die Herstellung der Apparate für den Verkauf übernommen hat und durch ihre Schutzmarke die sorgfältige und meinen Angaben entsprechende Ausführung verbürgt. Eine große Hilfe, die ich mit besonderem Dank hervorhebe, war es mir auch, daß Herr Professor Börnstein durch sofortige Verwendung vieler der im folgenden zu beschreibenden Apparate in seiner großen Experimentalvorlesung und in den Übungen mir reiche Gelegenheit gab, die Stücke im Gebrauch zu erproben und durchzuarbeiten.

Berlin, im September 1905.

Wilhelm Volkmann.

Alle Abbildungen in diesem Buche sind nach photographischen Aufnahmen angefertigt, also perspektivisch streng richtig. Ihre richtige Deutung wird in Folge dessen wesentlich erleichtert, wenn man sie nicht mit beiden, sondern nur mit einem Auge betrachtet.

Geleitwort.

Als ein Meisterstück poetischer Kunst hat man es gepriesen, daß Homer den Schild des Achill nicht als einen fertigen beschreibt, sondern vor dem geistigen Auge seiner Zuhörer entstehen läßt. Ähnliches leistet der physikalische Unterricht tagtäglich. Daß man die Konstruktion eines Apparates am besten klar macht, indem man zeigt, wie er aus seinen Bestandteilen aufgebaut werden kann, dies gehört zu den Grundregeln der physikalischen Didaktik. Ja man wird, wenn es irgend geht, den Apparat wirklich vor den Augen der Schüler zusammensetzen. Aber noch wirksamer ist es, wenn eine Vorrichtung für einen bestimmten Zweck sozusagen improvisiert wird. Die Improvisation ist ja auch ein wichtiges Element beim physikalischen Forschen und Erfinden. Es ist aus der Geschichte der Physik und durch die historischen Ausstellungen physikalischer Apparate hinreichend bekannt, wie überaus primitiv die ursprünglichen Apparate der Erfinder aus Bestandteilen der einfachsten Art, Holz, Bindfaden, Siegellack und dergleichen, hergestellt waren. An der Freude des Erfindens läßt man daher die Schüler teilnehmen, wenn man Versuchsanordnungen vor ihnen improvisiert. Und der hohe Reiz der Freihandversuche beruht ebenfalls nicht zum kleinsten Teil darauf, daß sie mehr oder weniger improvisiert sind oder wenigstens den Schein des Improvisierten an sich tragen.

Die Improvisationen, die im Unterricht vorgenommen werden, sind jedoch der Bedingung unterworfen, daß sie nicht zu zeitraubend sein dürfen; eins der ersten Erfordernisse ist demnach, daß man es mit keinem zu widerspenstigen Material zu tun hat. Jeder Physiklehrer hat schon die Erfahrung gemacht, wie störend es bei der Improvisation etwa eines optischen Versuchs ist, wenn die Stative nicht gehorchen, sondern beim Festziehen einer Schraube eine gänzlich veränderte Einstellung ergeben. Solchen Übelständen hilft Herr W. Volkmann durch die von ihm angegebenen Stative und Stativteile in glücklichster Weise ab. Und er bietet überdies in dem vorliegenden Schriftchen eine große Zahl von Anleitungen, wie sich aus den in seinem Baukasten befindlichen Elementarteilen Vorrichtungen der mannigfachsten Art zusammensetzen lassen.

Namentlich auch für den angehenden Lehrer wird diese Sammlung sich brauchbar erweisen; wer eine Reihe von Übungen an diesem Material vornimmt, wird sich dadurch eine gewisse Gewandtheit im Zusammensetzen von Apparaten erwerben, die ihm beim Unterricht, wo nicht selten unvorhergesehene Zwischenfälle eintreten, von Nutzen sein kann. Durch die Leichtigkeit, mit der sich einzelne Teile gegen andere auswechseln lassen, wird es ihm überdies möglich gemacht, die Eigenschaften einer Versuchsanordnung, z. B. einer Projektionsvorrichtung, gründlicher kennen zu lernen, als wenn er mit einem fertigen, fest zusammengestellten Apparat arbeitet.

Für die langsam sich ausbreitenden praktischen Schülerübungen wird die Sammlung ebenfalls von Wert sein, da es auch hier lehrreicher sein kann, eine Vorrichtung selbst zusammenzustellen als mit einem fertigen Apparat zu arbeiten.

Ich möchte schließlich glauben, daß auch bei den Arbeiten in den physikalischen Laboratorien der Hochschulen die Sammlung als nützlich erkannt werden wird.

Ich stehe nach dem allen nicht an, die nachstehend beschriebenen Apparatenteile als ein hervorragendes Unterrichtsmittel zu bezeichnen.

Berlin-Friedenau, im September 1905.

Professor Dr. **F. Poske** in Berlin.

Inhalts-Übersicht.

Erster Teil.

Die hauptsächlichsten Bestandteile.

———

Das Bunsensche Stativ in der allgemein üblichen Gestalt ist ein Metallstab auf gleichseitigem Dreifuß oder auf viereckiger Grundplatte. Besonders die letzte Form, und zwar mit seitlich angeordnetem Stabe, hat sich in den chemischen Laboratorien eingebürgert, die Dreifußstative sind ihrer unzureichenden Standfestigkeit wegen bei weitem weniger beliebt. Für physikalische Zwecke erweist sich als besonders störend die Unmöglichkeit, mehrere Stative ganz dicht aneinander zu stellen, es wurde daher als eine der wichtigsten Aufgaben angesehen, diese Möglichkeit zu schaffen. Es gelang durch die folgende Einrichtung: Der Fuß des Stabes hat drei Ausläufer, von denen zwei sehr an den bisherigen Dreifuß der Stative erinnern, nur daß sie merklich steiler abwärts geneigt sind (Fig. 1). Der dritte Fuß setzt sich unterhalb der beiden andern an, er ist sehr viel breiter als sie und so flach gehalten, daß der gleichartige Fuß eines zweiten Statives darunter geschoben werden kann bis zur gegenseitigen Berührung der beiden Mittelstücke, in die die Stäbe eingesetzt sind. Zugunsten einer genügenden Standfestigkeit laden die ziemlich schweren Füße im Verhältnis zur Stablänge reichlich weit aus; genügt das noch nicht, so kann man mit Hilfe der gleich zu beschreibenden Stabmuffen Belastungen anbringen, die den Schwerpunkt mitten über das Unterstützungsdreieck bringen. Die Stäbe bestehen aus genau kreisrund gezogenem, ziemlich hartem Eisen und bei den eisenfreien Stativen aus gezogenem Messing. Mit Rücksicht auf einige Zubehörteile, die diese

Genauigkeit nötig machen, werden nur Stäbe von 13 mm und für die großen Stative solche von 20 mm Durchmesser verwendet.

An den Stäben der Bunsenschen Stative befestigt man die Ringe, Klemmen u. s. w. mit Muffen. Wenn sie ihren Zweck erfüllen sollen, so ist eine einigermaßen genaue Be-

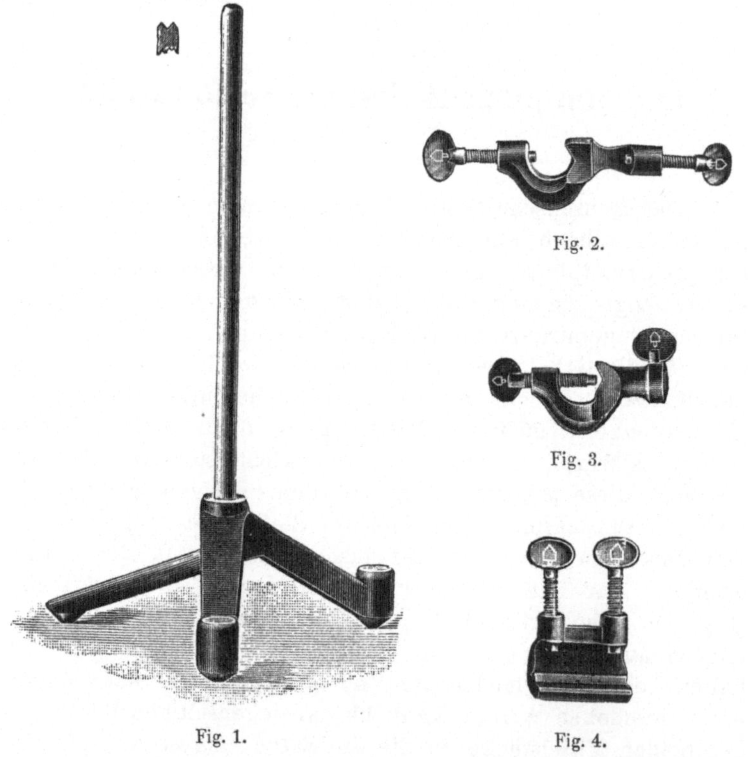

Fig. 2.

Fig. 3.

Fig. 1.   Fig. 4.

arbeitung ihrer Klemmflächen unerläßlich, aber gerade in dieser Beziehung läßt die übliche Handelsware sehr zu wünschen übrig. Eine befriedigende Genauigkeit wurde erst durch Anwendung einer Fräseinrichtung erzielt, die unabhängig von der Sorgfalt des Arbeiters jeder Muffe eine solche Gestalt gibt, daß die von ihr zusammengehaltenen Stäbe sich genau senkrecht kreuzen und schon bei mäßigem Anziehen der Schraube

sehr fest gehalten werden. Die offenen Muffen spannen sämt-
lich über 20 mm und bestehen aus zähem Gußeisen, die messing-
nen Schrauben sind so lang, daß auch Drähte von wenigen
mm Stärke noch fest gespannt werden können.

Außer der bei Bunsenschen Stativen schon gebräuch-
lichen Kreuzmuffe (Fig. 2) wurde noch eine Rohrmuffe mit
13 mm Bohrung (Fig. 3), eine Parallelmuffe, eine Verlängerungs-
muffe (Fig. 4) und eine Stabmuffe (Muffenstab) mit 3, 15 oder
30 cm Stablänge entworfen (Fig. 5). Gerade die letzteren
werden im folgenden häufig als Apparatenteil auftreten, sie

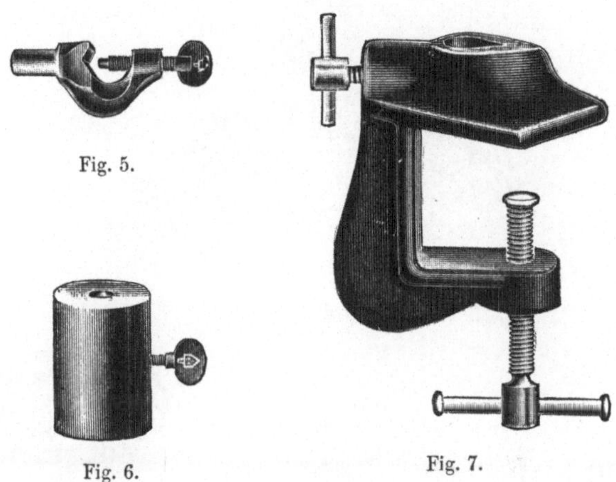

Fig. 5.

Fig. 6.

Fig. 7.

wurden schon in Verbindung mit den Schiebegewichten (Fig. 6)
erwähnt als Mittel zur Verschiebung des Schwerpunktes bei
einem einseitig belasteten Stativ.

Sollen bewegte Teile gestützt oder getragen werden, so
erreicht ein Stativ oft trotz aller Belastung nicht die nötige
Standfestigkeit. Dann tritt an seine Stelle die Tischklemme
(Fig. 7) oder, in vielen Fällen sehr vorteilhaft, die an der
Mauer anzubringende Wandklemme (Fig. 8). Beide spannen
reichlich 20 mm und dienen zur Aufnahme glatter Stäbe von
13 oder 20 mm Dicke und beliebiger Länge.

Eine vielfach sehr günstige Aufstellung für einen Stativstab gewährt der Klemmkopf (Fig. 9) mit 13 oder 20 mm
Bohrung, der sich auf jedes photographische Stativ aufschrauben

läßt. Man erhält so ein vom Tisch unabhängiges, von allen
Seiten zugängliches Stativ von überraschender Festigkeit; es
wird im folgenden mehrfach benutzt werden. Das photographische Stativ gibt mit einer aufschraubbaren Tischplatte
auch ein treffliches Stelltischchen für nicht gar zu schwere

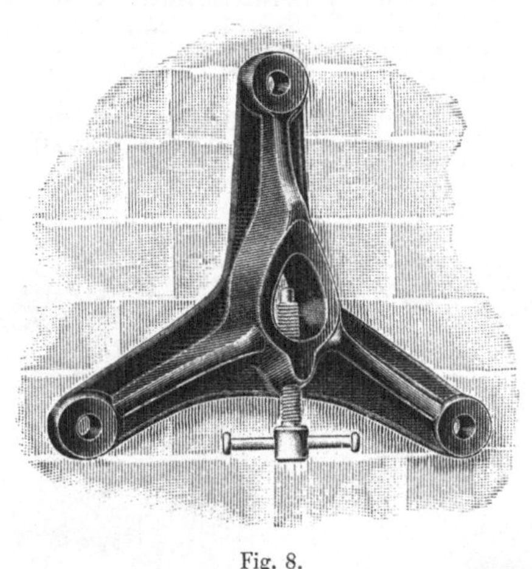

Fig. 8.

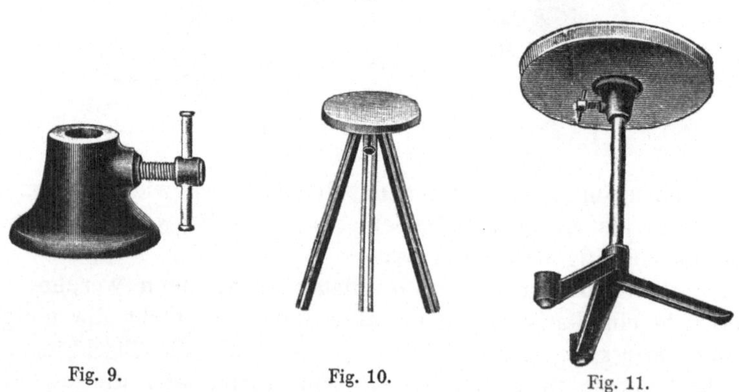

Fig. 9.   Fig. 10.   Fig. 11.

Sachen ab (Fig. 10). Andere kräftige Stelltische erhält man,
wenn man an einer solchen Tischplatte mit einem kurzen Ge-
windenippel einen Klemmkopf befestigt und mit diesem die
Platte auf ein Stativ setzt (Fig. 11). Kleinste Stelltischchen
bekommen einen anschraubbaren Stiel von 5—40 cm Länge

und als Fuß ein Rohrstativ mit Stellschrauben (Fig. 12, 13, 14),
das für 13 mm Stabdicke eingerichtet ist. Dieses Rohrstativ
wird mit 5 oder 15 cm langem Rohr gebaut, sein Fuß hat die
schon beschriebene Gestalt, die ein enges Aneinanderschieben
ermöglicht, wovon gerade für dieses Stativ im folgenden oft
Gebrauch gemacht werden wird (Fig. 13).

Die Stellschrauben der Rohrstative haben etwa 10 mm
Dicke. Es lag nahe, dem dritten Fuß, der ja, damit die Vor-
teile der Fußform nicht wieder verloren gehen, keine Stellschraube bekommen kann, auch solch ein dünnes, nicht zu

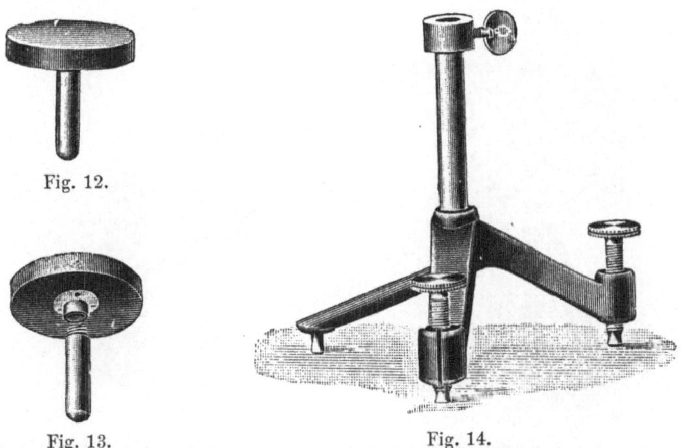

Fig. 12.

Fig. 13.　　　　　　　　Fig. 14.

kurzes Söckelchen zu geben. Dieses wird nun zugleich mit
den Spitzen der Stellschrauben, die deshalb eine eigentümliche
Form erhalten haben, noch zu einem anderen Zweck ausgenutzt, nämlich zu der bei physikalischen Versuchen so oft
nötigen Parallelführung der Stative. Als Hilfsgerät hierzu
dienen zu beliebiger Länge aneinandersteckbare Geleise von
75 cm Länge aus zwei miteinander versteiften Hohlschienen.
In der einen Schiene läuft der Sockel des flachen Fußes, in
der andern eine Stellschraube; die zweite Stellschraube läuft
auf dem Tisch frei nebenher. Die beiden von den Schienen
geführten Punkte eines Statives sind etwa 20 cm voneinander
und, in der Richtung parallel zu den Schienen gemessen, über
15 cm voneinander entfernt, die Folge davon ist, daß die Stative

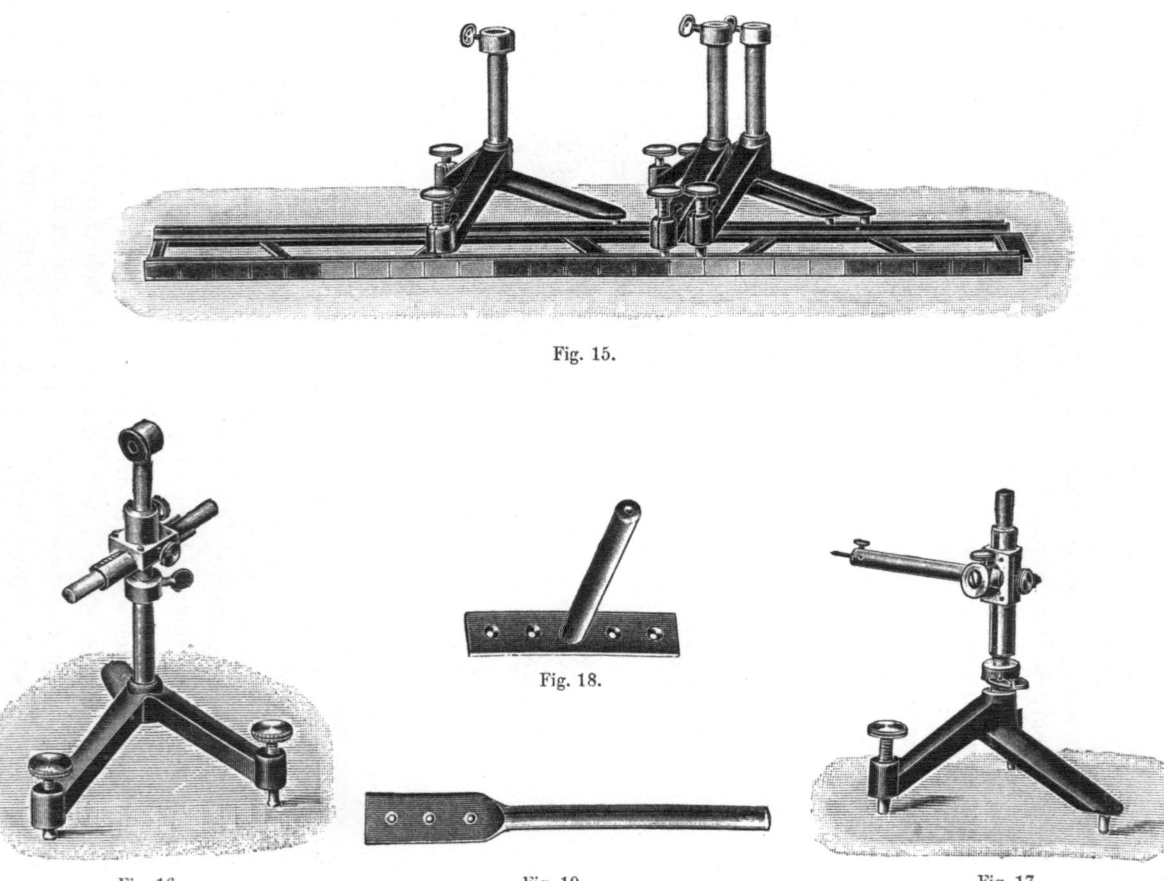

Fig. 15.
Fig. 16.
Fig. 18.
Fig. 19.
Fig. 17.

in der Führung sehr leicht, und ohne zu ecken, laufen und dabei keine merklichen Drehungen ausführen können (Fig. 15). Das Geleise (Leitschiene) trägt auf einer Seite eine weithin sichtbare Teilung, die als Ersatz für die Bezifferung von 5 zu 5 Strichen blau, weiß, grün, weiß, rot (in der Reihenfolge des Alphabetes oder der wachsenden Wellenlängen) grundiert ist.

Eine kleine Vorrichtung zur Parallelverschiebung mit Zahnbetrieb zeigen die Abbildungen 16 und 17, die erste in der Verwendung als Lupenhalter, die andere als Höhenmarke. Die Vorrichtung besteht aus einem kräftigen, beiderseits für ein kurzes Stück auf 13 mm abgedrehten Messingstab, in den eine Triebstange und zwei Führungsnuten für den Schlitten eingelassen sind. Auf der der Triebstange gegenüberliegenden Seite ist noch ein kurzer 13 mm starker Stiel befestigt. Der Schlitten hat sehr lange und kräftige Führung und trägt eine längs und quer 13 mm weit gebohrte Rohrmuffe.

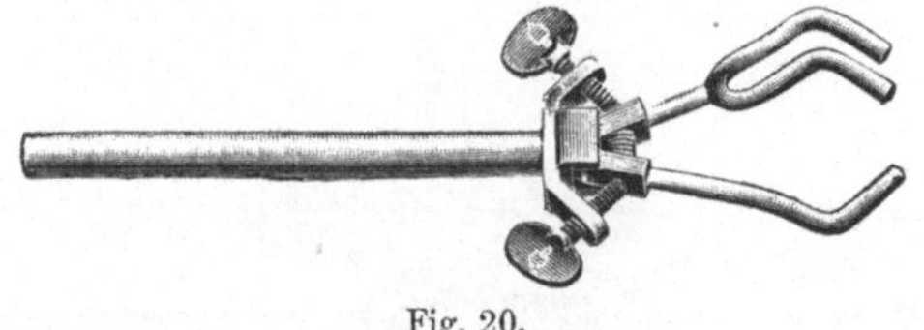

Fig. 20.

Nicht selten wünscht man hölzerne Latten oder Scheiben an einem Stative zu befestigen, z. B. um Apparate, die gewöhnlich liegend gebraucht werden, im Unterricht senkrecht aufzustellen. Hierfür dienen Stielplatten verschiedener Gestalt (Fig. 18, 19) und einlaßbare runde Muttern mit dem bei photographischen Stativen allgemein üblichen $^3/_8''$ Withworthgewinde. Die Stiele der Stielplatten haben 13 mm Durchmesser und zu den Muttern passen die Stiele der schon erwähnten kleinsten Tischchen, die dasselbe Gewinde tragen.

Runde Apparate, z. B. Glasröhren, wird man meist mit Klemmen, wie sie beim Bunsenschen Stativ üblich sind, halten. Oft jedoch macht es sich sehr unangenehm bemerkbar, daß diese Klemmen alle Gegenstände exzentrisch einspannen. Es ist deshalb eine Zentrierklemme (Fig. 20) gebaut worden, die, weil beide Backen beweglich sind, ein genaues Ausrichten auf den Stiel als Umdrehungsachse erlaubt.

Ein weiteres Stück ist der Klemmstab, 13 mm stark und von verschiedenen Längen, einerseits oder auf beiden Seiten mit einer Bohrung von 3 mm Weite in der Längsrichtung und einer solchen in der Querrichtung versehen, in welcher Drähte durch eine seitliche Schraube festgeklemmt werden können. Als besonders oft gebrauchte Einsätze für den Klemmstab wären Stahlspitzen, Haken und Knopfstift zu nennen. Letzterer ist ein 3 mm starker Stahlstift mit einem gerändelten Knopf am Ende, er dient Rollen und anderen drehbaren Stücken als

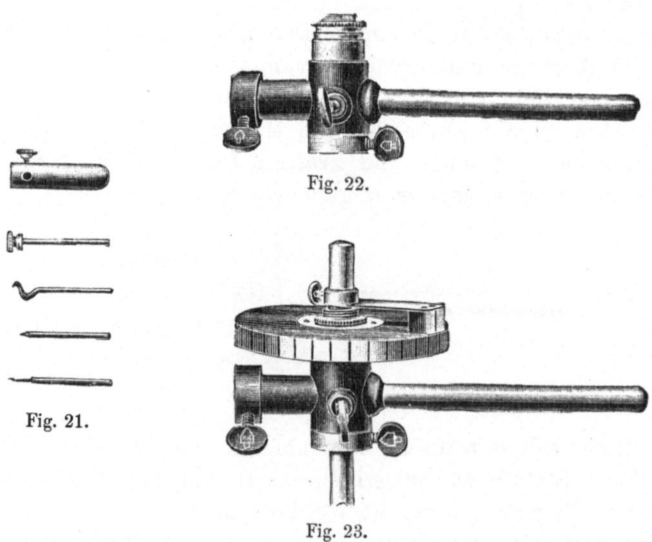

Fig. 22.

Fig. 21.

Fig. 23.

Achse, wobei dem Knopf die Aufgabe zufällt, das Abgleiten zu verhüten (Fig. 21).

Bei den üblichen Stativen ist es nur in sehr unvollkommener Weise möglich, einen Gegenstand so zu befestigen, daß ihm die Möglichkeit der Drehung um eine Achse erhalten bleibt. Es wird stets der Versuch, eine Drehung auszuführen, zu unliebsamen Erschütterungen des ganzen Aufbaues führen, wenn nicht gar infolge der mangelhaften Rundung der Stäbe nach erfolgter Drehung der Gegenstand immer wieder in seine frühere Lage sich zurückdreht. Es schien daher der Mühe wert, hierfür eine besondere Einrichtung zu machen. Sie besteht aus einem der Länge nach durchbohrten Metallkegel, der sich auf einem 13 mm starken Stabe festklemmen läßt, und aus einem auf ihm laufenden Hohlkegel, der senkrecht zur Umdrehungsachse einen 13 mm starken Stab und auf der gegenüberliegenden Seite ein Klemmrohr für 13 mm-Stäbe trägt (Fig. 22). Eine nachstellbare Mutter verhütet ein Abgleiten des Hohlkegels, eine Klemmschraube erlaubt, ihn in jeder Stellung festzustellen, und eine abnehmbare Teilscheibe von 36 cm Umfang läßt die Drehung messen. Als Ersatz für die Bezifferung dient wieder eine von 6 zu 6 Strichen verschiedene Färbung des Teilungsgrundes. Die Gegenüberstellung von Stab und Klemmrohr ermöglicht es, in jedem Falle eine einseitige Belastung durch Schiebegewichte auszugleichen (Fig. 22).

Die Beschreibung einer leichtlaufenden Kugellagerachse und etlicher anderer Stücke sei aufgeschoben bis zur Erläuterung der damit aufgebauten Apparate. Erwähnt sei noch, daß die zum Photographieren benutzten Kopierklammern eine ebenso billige wie brauchbare Ergänzung für alle Laboratoriumsstative bilden.

Zweiter Teil.

Apparate zur Mechanik.

Eine große Anzahl der Versuche zur Mechanik bedarf keiner besonderen Apparate, indem sie als sogenannte Freihandversuche mit Hilfsmitteln angestellt werden können, die uns das tägliche Leben darreicht. Für fast alle derartigen Versuche können auch Stücke aus dem physikalischen Baukasten benutzt werden, es lohnt jedoch nicht, diese Versuche aufzuzählen, denn man wird hier gerade mit Vorliebe zu solchen Hilfsmitteln greifen, die sich auch in den Händen der Schüler befinden, damit diese in der Lage sind, die im Unterricht gesehenen Versuche noch einmal für sich anzustellen. Nun kennt die Mechanik aber auch noch eine ganze Anzahl besonders für ihren Zweck hergestellter Apparate und Laboratoriumshilfsmittel, die als unentbehrliches Rüstzeug des Unterrichtes dienen, und gerade diese durch Aufbauten aus meinem physikalischen Baukasten zu ersetzen, hat mir besondere Freude gemacht. Ich glaube nämlich bemerkt zu haben, daß diese vielen, im Aufbau und Material verschiedenartigen Apparate dem Schüler zuviel Zeit kosten, bis er das Wesentliche und Unwesentliche daran unterschieden hat, und hoffe, daß in dieser Hinsicht die Anwendung immer derselben, dem Schüler nach kurzer Zeit bekannten Stücke eine wesentliche Erleichterung gewähren wird. Ich weiß wohl, daß meine Ängstlichkeit in diesem Punkte nicht allgemein geteilt werden wird, sagt doch O. Lehmann in Fricks physikalischer Technik: „Apparate mit goldglänzend lackierten Messingschrauben, schön polierten Stahl- und Holzteilen, kristallklaren Glaslinsen u. dergl. wirken übrigens mächtig ein auf das empfängliche Gemüt der Jugend und erzeugen ein lebhaftes Verlangen, nicht nur die nähere Zusammensetzung des Apparates selbst, sondern auch seinen Zweck kennen zu lernen. Mangelnde Anregung durch den Vortrag kann also wenigstens zum Teil ergänzt werden durch das Interesse, welches der Apparat an sich erweckt." (Sechste Auflage, Seite 2 und 3.) Zu dieser hoffnungsvollen Auffassung kann ich mich durchaus nicht aufschwingen, ich glaube vielmehr bemerkt zu haben, daß glänzende, besonders umfangreiche und in ihrer Bauart nicht durchsichtige Apparate die Schüler, aber auch gereifte Hörer in hohem Maße von dem Vortrage ablenken. Dem, der mit Eifer und Erwartung in die Unterrichtsstunde oder den Vortrag kommt, zumal wenn er schon einige Kenntnisse mitbringt, geben die Apparate Rätsel auf, und die Begierde zu erfahren, wie der Apparat eingerichtet ist, und was er bezweckt, nehmen die Gedanken, die dem Vortrage folgen sollten, gefangen. Wer aber ohne Eifer und Erwartung, etwa aus Pflicht, in den Vortrag kommt, wird bedrückt durch den Anblick von Apparaten, deren Verständnis er glaubt nur mit großer geistiger Anstrengung erkaufen zu können. Die Folge davon ist dann, daß er um so weniger in das Verständnis des Apparates eindringt und Wesentliches von Unwesentlichem nicht trennt. So entsinne ich mich noch sehr deutlich von der Schule her, daß fast jeder meiner Mitschüler, wenn er die Elektrisiermaschine beschreiben sollte, beteuerte, daß sie auf einem Mahagonibrette aufgebaut sei; so stand es nämlich im Buche; ob unsere Elektrisiermaschine wirklich ein Mahagoni-Grundbrett hatte, weiß ich nicht mehr. In Preislisten freilich sind solche Angaben am Platze, damit man die Angemessenheit des Preises beurteilen kann, und bei der Beschreibung von Apparaten, die zu neuen Entdeckungen geführt haben, sollten auch die geringsten Nebenumstände gewissenhaft angegeben werden, nicht nur, damit andere den Versuch wiederholen können, sondern auch, weil in solchen Fällen nur zu oft etwas, das man als nebensächlich angesehen hat, sich nachträglich als ganz wesentlich erweist. In Anbetracht dessen, daß jeder Mensch einmal zum einzigen Beobachter ungewöhnlicher Vorgänge werden kann, sollte man diese verschiedenen Ansprüche an eine Beschreibung bei passender Gelegenheit im Unterrichte zu besprechen nicht versäumen. Kompliziertere Apparate sollte der Schüler erst zu sehen bekommen, wenn sie

besprochen werden. Nicht jeder Experimentator hat die nötigen
Hilfskräfte, um dabei nach O. Lehmanns Vorschlag zu verfahren,
aber so mancher Apparat läßt sich bei geeigneter Bauart vor
den Schülern aufbauen und zusammensetzen, ein Zeitverlust,
der sich durch die damit verbundene Förderung des Verständ-
nisses wohl reichlich wieder einbringt. Die in diesen Ausführun-
gen enthaltenen Bedenken und Wünsche werden recht hand-
greiflich illustriert, wenn man eins der üblichen, von den Lehr-
mittelhandlungen feilgehaltenen Rädertellurien, die nicht für die
Zerlegung durch die Hand des Lehrers gebaut sind, vergleicht
mit dem Horizontarium und Tellurium von A. Mang in Heidelberg, bei denen jedes Stück erst dann dem Apparat angefügt
wird, wenn die gedankliche Entwicklung des Weltbildes so weit
vorgeschritten ist, und die eine so vielseitige Darstellung der
möglichen Auffassungen erlauben, daß man in völlig ge-
schlossener Induktion vom Himmelsbilde des naiven Kindes bis
zur Weltanschauung des Kopernikus fortschreiten kann. Ich
nehme gern die Gelegenheit wahr, zu bekennen, daß dieses
didaktische Kunstwerk Mangs mir in vieler Beziehung ein lehr-
reiches Vorbild bei der Ausgestaltung meines physikalischen
Baukastens gewesen ist.

Die Rolle hat eine von der üblichen etwas abweichende
Gestalt bekommen. Sie besteht aus einer runden Holzscheibe
von beträchtlich größerer Dicke, als man sie meist wählt, und
hat in der Mitte eine eingepaßte Messingbuchse mit 3 mm
Bohrung. Der Zweck der verhältnismäßig großen Dicke ist
einmal, die Schnurrinne breiter und damit für die Schüler
besser sichtbar zu machen, dann aber gewährt die breite
Rinne auch die Möglichkeit, die Rolle wie ein Rad mit doppeltem
Spurkranze auf den 13 mm-Stäben laufen zu lassen wie in
Fig. 47 und 48. Die Rolle ist mit ihrer Schere (Fig. 25) nicht
untrennbar verbunden, sondern wird in diese nur mit einem
Knopfstift eingesetzt. Soll sie als feste Rolle dienen, so benutzt
man sie ohne Schere, indem man den als Achse dienenden
Knopfstift in einen Klemmstab einsetzt (Fig. 24). Aus mehreren
aneinander gehängten Scheren mit Rollen verschiedener Größe
kann man leicht einen Flaschenzug zusammensetzen.

Wird von der Rolle eine ganz besonders große Beweglich-
keit verlangt, so genügt die eben beschriebene einfache Aus-

führung nicht. Hier tritt die in Fig. 26 abgebildete, in Spitzen
gelagerte Aluminiumrolle ein. Mit Rücksicht auf die leichte
Berechnung des Trägheitsmomentes hat sie die Gestalt einer
Kreisscheibe von gleichbleibender Dicke, die auf einer zylin-
drischen Achse sitzt. Der die Rolle tragende offene Rotguß-
rahmen hat in Richtung der Achse und des Radius der Rolle
je einen stabförmigen Ansatz von 13 mm Stärke, um die Rolle
mit Muffen festhalten zu können.

Zwei Rollen in der Anordnung der Fig. 27 bilden einen
einfachen Apparat zum Nachweis des Parallelogramms der
Kräfte. Die Rollen sind mit Klemmstab und Knopfstift gefaßt,
die Klemmstäbe mit Kreuz- oder Rohrmuffen an einem langen

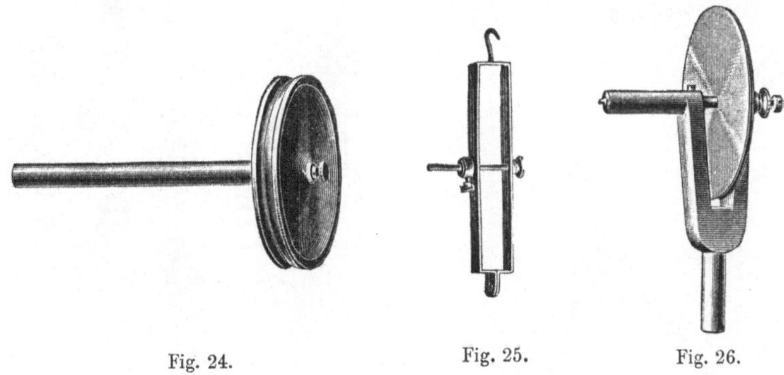

Fig. 24.   Fig. 25.   Fig. 26.

Stabe befestigt, der in seiner Mitte von einem Muffenstabe
gehalten wird, dieser endlich ist mit einer Kreuz- oder Rohrmuffe an einen Stativstab geklemmt. Die Einfügung des ent-
behrlich erscheinenden Muffenstabes hat vor allem den Zweck,
den langen Stab leicht drehen zu können, so daß die beiden
Rollen ihre Höhe gegeneinander ändern. Dieser Versuch, bei
dem man auf den unverändert bleibenden Winkel der drei
Schnüre hinweist, ist recht dankbar. Statt der einfachen Rollen
kann man in leicht ersichtlicher Weise auch die in Spitzen
laufenden anwenden.

Vielfach wird es als ein Mangel empfunden, daß bei dem
eben beschriebenen Apparate die dritte Kraft unter allen Umständen senkrecht abwärts angreift, und daß dieser unmittelbar
angreifenden Kraft gegenüber die vermittelnden Rollen bei

den beiden anderen Kräften eine Ungleichmäßigkeit einführen,
deren Belanglosigkeit nicht ohne weiteres einzusehen ist. Aus
diesen Bedenken ist bekanntlich der Apparat von Varignon
hervorgegangen, dessen hoher Preis sein größter Fehler ist.
Er läßt sich mit den hier gebotenen Mitteln leicht aufbauen
(Fig. 28). Da die Standfestigkeit der Stative für diesen Fall
nicht ausreicht, benutzt man einen Stab im Klemmkopf oder
in der Tischklemme. Auf ihn reiht man zwei Drehachsen mit
Teilscheiben und Zeigern und einen langen Muffenstab. Dieser

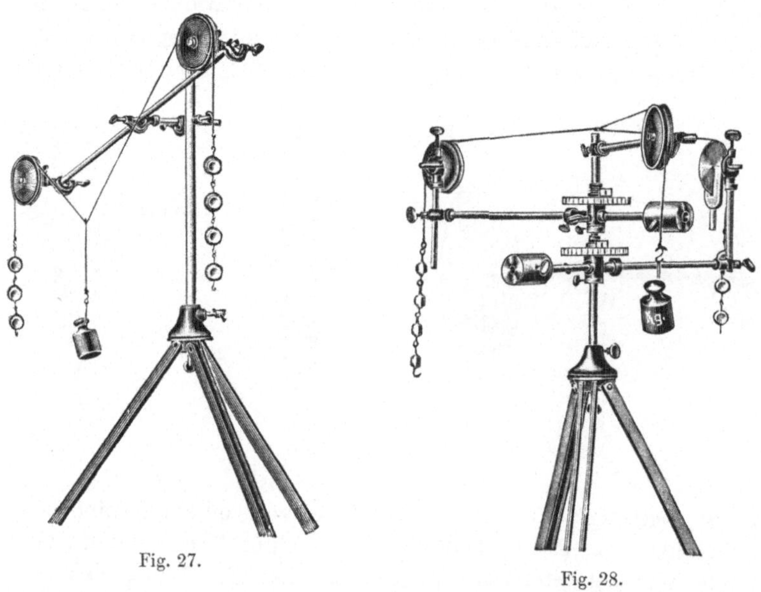

Fig. 27.

Fig. 28.

steht ebenso wie die Zeiger der beiden Teilscheiben unverändert in der Richtung auf die Schüler zu, so daß sie von
ihren Plätzen aus die Winkel ablesen können. In die Rohre
der Drehachsen werden lange Muffenstäbe gesteckt, diese sowie
der lange Muffenstab tragen an einem Muffenstabe je eine
Rolle. Auf die Stäbe der Drehachsen steckt man natürlich
Schiebegewichte zum Ausgleich der Belastung. Der Mittelstab
des ganzen Aufbaues dient als Zeiger für die richtige Stellung
des Knüpfpunktes der Fäden. Die richtige Stellung der beiden
Teilkreise findet man leicht, wenn man vor dem Versuch jede

der beiden beweglichen Rollen der (am Muffenstab) festen
gegenübergestellt, was mit Hilfe eines Fadens, der, über die
beiden Rollen gespannt, genau über den Mittelstab sich stellen
muß, sehr genau ausführbar ist. Auch bei diesem Apparat ist
die feinere Rolle verwendbar, ihre Befestigung mit Rohrmuffe
und Muffenstab zeigt die Figur an einem drehbaren Arm.

Der Hebel (Fig. 29) besteht aus einem Holzstabe von
quadratischem Querschnitt und ist mit kräftigen Querstrichen

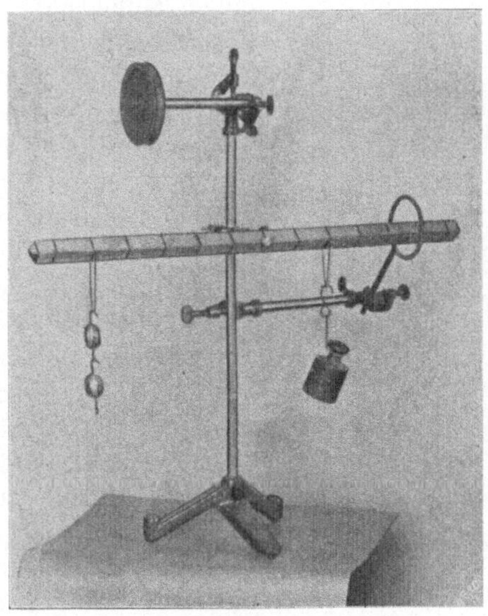

Fig. 29.

in 12 Teile eingeteilt. In seiner Mitte sind zwei gegenüberliegende Kanten auf eine kurze Strecke abgestumpft, und
zwischen ihnen ist der Stab in der Diagonale seines Querschnittes durchbohrt. Als Achse für dieses 3 mm weite Loch
dient der Knopfstift, den ein am Stativ befestigter Klemmstab
aufnimmt. Die 100 g schweren Bleigewichte werden einzeln
oder zu mehreren aneinander gereiht mit einer Fadenschlinge
über den Stab gehängt. Diese Einrichtung des Hebels hat
den Vorteil, daß man das Gewicht an jedem Punkte des

Hebels wirken lassen und durch einfaches Verschieben für eine vorher bestimmte Last den richtigen Angriffspunkt aufsuchen kann. Der Hebel gleicht in dieser Beziehung dem von Prof. Bopp angegebenen, hat aber das vor ihm voraus, daß infolge der Durchbohrung in der Diagonale die störende Fadenreibung vermieden ist, und daß auch aufwärts gerichtete Kräfte angreifen können.

Zieht man durch die Bohrung des Hebels einen Faden und knüpft dessen Enden an einem wagerechten Stabe, z. B. einem Muffenstabe, fest, so daß der Hebel bifilar aufgehängt ist, so kann er als Horizontalpendel zur Ableitung des Satzes vom Trägheitsmoment dienen. Man hängt z. B. 400 g auf jeden dritten Teilstrich und bestimmt die Schwingungsdauer. Dasselbe Trägheitsmoment geben 100 g auf jedem sechsten Teilstrich; um nun dieselbe Belastung wie vorher zu haben, werden die überzähligen 600 g mitten an den Hebel gehängt, wo ihr Trägheitsradius als Null zu zählen ist. Bedient man sich zu ihrer Befestigung einer kurzen Schleife mit daran hängendem einfachen Faden, so kann man auch verhindern, daß sie an der Drehung teilnehmen, ohne daß der Versuch leidet; es ist dann ganz deutlich, daß sie für das Trägheitsmoment belanglos sind.

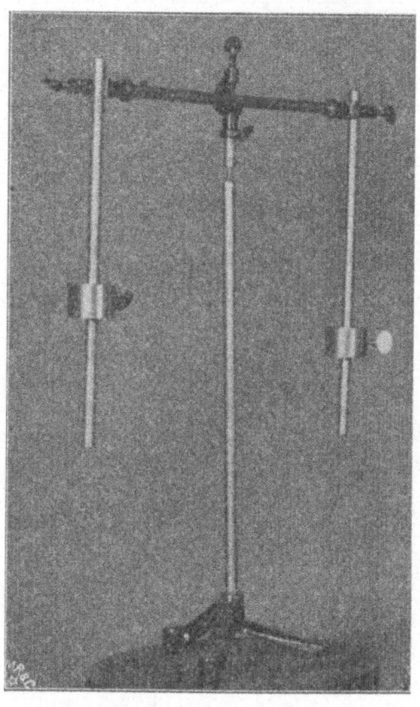

Fig. 30.

Einen bekannten Schwerpunktsapparat zeigt die Fig. 30 in seiner Nachbildung aus einem Stativ, einem Klemmstab mit Spitze in Rohrmuffe, einem Muffenstabe mit Rohrmuffe und zwei Stäben mit Schiebegewichten.

Zur Erläuterung der Standfestigkeit dient die folgende Zusammenstellung (Fig. 31). Eine Tischklemme dient zugleich zum Festhalten eines dünnen Brettchens und eines Muffen-

stabes, in den eine Rolle eingesetzt ist. Die Kante des Brettchens dient als Widerlager für die beiden Stellschrauben eines
Rohrstatives, in dem ein Stab steckt. Am Stabe ist ein Muffenstab mit Schiebegewicht oder, wenn man die Last lieber
drehbar anbringen will, eine Konusachse mit Stab und Schiebegewicht befestigt. Von dem Stabe führt eine Schnur über die
Rolle und trägt die den seitlichen Zug ausübenden Gewichte.

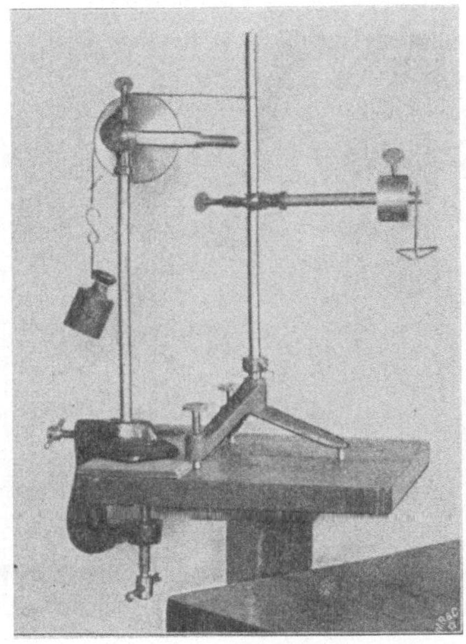

Fig. 31.

Ein vollständiges Umkippen des Rohrstatives, das Beschädi-
gungen zur Folge haben könnte, verhindert der als Anschlag
dienende zweite Stiel des Rahmens der Rolle oder bei Benutzung der einfacheren Rolle ein nach hinten führender Bindfaden oder eine Tischplatte, auf die sich die Gewichte nach
kurzem Wege aufsetzen.

Zur Theorie der Wage läßt sich eine ganze Reihe von
Modellen zusammensetzen. Der als Briefwage oft gebrauchte
Winkelhebel wird aus zwei Muffenstäben, einem Klemmstab

mit Haken und einem Schiebegewicht nach Fig. 32 zusammen-
gesetzt. Der als Achse dienende Muffenstab rollt auf einem
kleinen Stelltischchen ab, und auf einem Stück Pappe entwirft
man mit Kreide beim Experiment die Skale.

Für die ungleicharmige Wage und die Gleicharmigkeit
der gewöhnlichen Wage dient am besten der Hebel. Die
Forderung, daß die Schneiden eine Ebene haben, kann man
aus dem Winkelhebel entwickeln, oder man baut sich zu

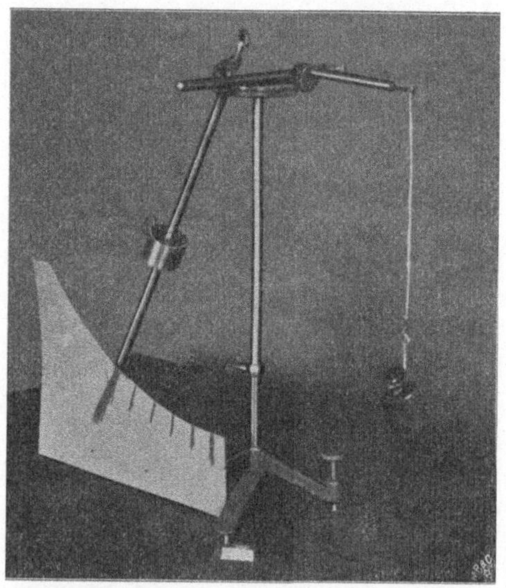

Fig. 32.

diesem Zweck ein besonderes Modell nach Fig. 33 aus zwei
Klemmstäben mit Haken, die die Wagearme darstellen. Diese
werden mit zwei Rohrmuffen an dem die Mittelschneide er-
setzenden Muffenstabe befestigt, der seinerseits den als Zunge
dienenden Stab festhält. Ein auf den Stab gezogenes Schiebegewicht läßt die Empfindlichkeit verändern und die Bedeutung
der Schwerpunktslage anschaulich machen; wenn eine Ände-
rung der Empfindlichkeit um kleine Beträge mit dem Schiebegewicht Schwierigkeiten bereitet, so benutzt man als kleines
Schiebegewicht eine photographische Kopierklammer.

Der Zusammenhang zwischen der Schwingungsdauer und der Empfindlichkeit einer Wage läßt sich sehr klar veranschaulichen, wenn man nach Anleitung der Fig. 34 zwei Modelle aufbaut, nämlich eins von einer langarmigen und eins von einer kurzarmigen Wage. Beide werden auf gleiche Empfindlichkeit gebracht und der große Unterschied der Schwingungsdauer festgestellt. Das abgebildete Modell gab für ein Gramm

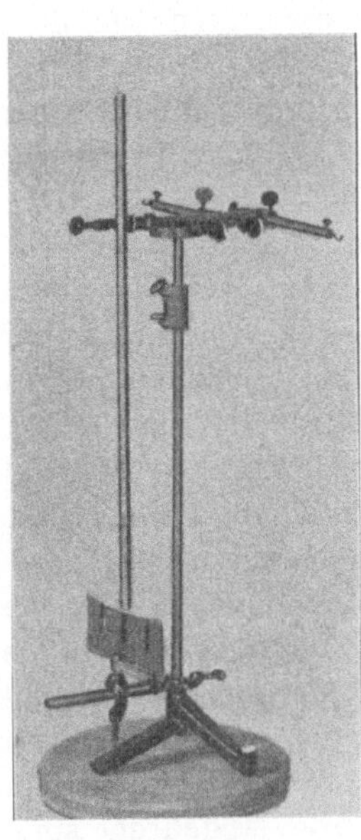

Fig. 33.   Fig. 34.

etwa 4 cm Ausschlag bei einer Schwingungsdauer von fast 10 Sekunden. Als Schneiden dienen ihm drei Muffenstäbe, deren mittelster auf einem Tischchen abrollt. Es entspricht das der Tatsache, daß auch die besten Schneiden nicht in einer mathematischen Linie, sondern in einer zylinderartigen Krümmung endigen, es kann also aus der Ersetzung der Schneiden durch diese Stäbe ein ernsthaftes Bedenken nicht abgeleitet werden. Die Endgehänge sind durch Drahthaken

2*

dargestellt, deren Krümmung eben hinreicht, ein plötzliches
Abrutschen von den Endschneiden zu verhüten. Am Vorder-
ende des mittleren Muffenstabes ist ein langer Stab mittels
einer Rohrmuffe als Zunge und zugleich als Träger eines
Schiebegewichtes zum Abgleichen der Empfindlichkeit befestigt.
Kleine Änderungen der Empfindlichkeit und der Gleichgewichts-
lage werden wieder mit Kopierklammern hervorgebracht. Die
Teilung zeichnet man am besten mit farbiger Kreide auf ein
bogenförmig ausgeschnittenes Stück Pappe, der mit einer
bequem ausgewählten Schwingungsdauer erreichten Empfindlichkeit entsprechend. Es wird mit zwei Reißnägeln auf einer
Kopierklammer befestigt und mit dieser
auf einen kurzen senkrechten Muffenstab
geklemmt.

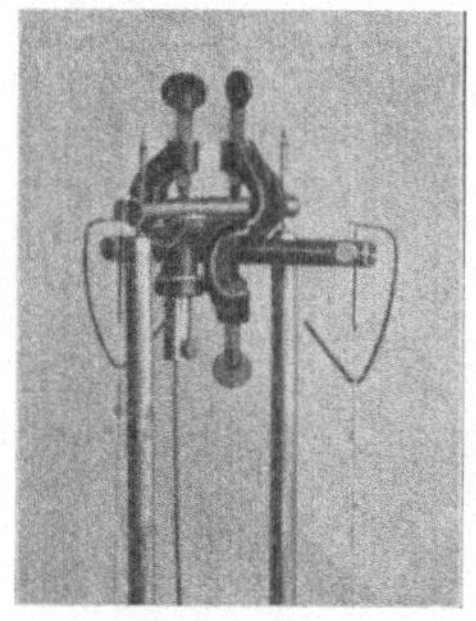

Fig. 35.

Will man außer der eben beschriebenen noch eine Wage zeigen, deren
Empfindlichkeit sich wesentlich weiter
treiben läßt, so benutzt man als Mittelschneide zwei Spitzen, die quer durch
den zweiseitigen Klemmstab gesteckt
sind und als Endschneiden je eine Spitze
(Fig. 35). Der das Schalengehänge jeder-
seits vertretende Messingdraht wird an
seinem wagerecht umgebogenen Ende
breitgeschlagen und hier mit einem stum-
pfen Kerner eine flache Pfanne eingeschlagen. Als Unterlagen
für die beiden Spitzen der Mittelschneide dienen die kleinen
Pfannen, die in die Enden aller Stativstäbe eingedreht sind.
Man wird diese Wage natürlich kurzarmig bauen und ihr eine
leichte Zunge geben, überhaupt alles tun, um das Trägheitsmoment möglichst klein zu halten, damit die Schwingungsdauer
nicht unbequem groß wird.

Eine Wage besonderer Art ist die Poggendorffsche Fallmaschine (Fig. 36). Als Mittel- und Endschneide dient je ein
Klemmstab, in den eine Rolle eingesetzt ist. Sie werden mit
Rohrmuffen gehalten von einem Stabe, der auf der anderen
Seite einige Schiebegewichte und Stabmuffen in solcher Verteilung und Anordnung trägt, daß eine sichere Lage der Mittelschneide auf dem Tischchen hergestellt und zugleich den beiden

mit einem Faden über die Rollen gehängten Halbkilostücken das Gleichgewicht gehalten wird. Erteilt man dem von der Mittelrolle herabhängenden Stück eine Beschleunigung aufwärts durch einen Stoß mit der Hand, so hebt sich die Außenrolle. Das scheint zunächst überraschend, wird aber verständlich, wenn man bedenkt, daß anfänglich der Erdanziehung auf das äußere Halbkilostück eine gleichgroße Gegenkraft entgegenwirkte, nämlich das Gewicht des anderen Stückes. Jetzt ist

Fig. 36.

aber die erteilte Beschleunigung, die dem Gewicht entgegenwirkt, von diesem abzuziehen, demgemäß ist auch die der Erdanziehung am äußeren Stück entgegenwirkende Gegenkraft, die sich als Zug am Wagearm äußert, vermindert. Der Wagearm steigt also, und der überschießende, durch keine Gegenkraft aufgehobene Teil der Erdanziehung auf das äußere Stück kommt in seinem Fall, seiner gleichmäßig beschleunigten Bewegung zur Geltung. Erteilt man die Beschleunigung nach der anderen Richtung, so sinkt der Wagebalken. Die Beschreibung des ganzen Vorganges ließe sich wesentlich einfacher geben, wenn man nicht unglücklicherweise die Gewohnheit hätte, auch bei ruhenden Körpern die Kraft der Erdanziehung, geteilt durch die Masse des Körpers, als Beschleunigung zu bezeichnen. Es liegt in dieser Unschärfe der Bezeichnung eine große Schwierigkeit für das Verständnis, die um so schlimmer ist, als es sich um einen der wichtigsten physikalischen Begriffe handelt. Das zweite Stativ ist beim Aufbau des Apparates sehr bequem als Ruheplatz für das Gegengewicht.

Die Wage mit Rücksicht auf ihre Schwingungsdauer und ihr Trägheitsmoment behandelt fällt unter den Begriff des Pendels. Die gute Verwendbarkeit der runden, auf einem Tischchen abrollenden Stäbe als Schneiden der Wage weist uns darauf hin, auch beim Pendel von diesem Mittel Gebrauch zu machen. Das Pendel wird demgemäß gebildet aus einem langen Stabe, dem als Schneide ein Muffenstab angesetzt ist. Als Pendelkörper dient ein Schiebegewicht, das mit Rücksicht auf die gleichmäßige Verteilung der Last und die gesicherte Lage der Schneide auf dem Tischchen sich am Ende eines

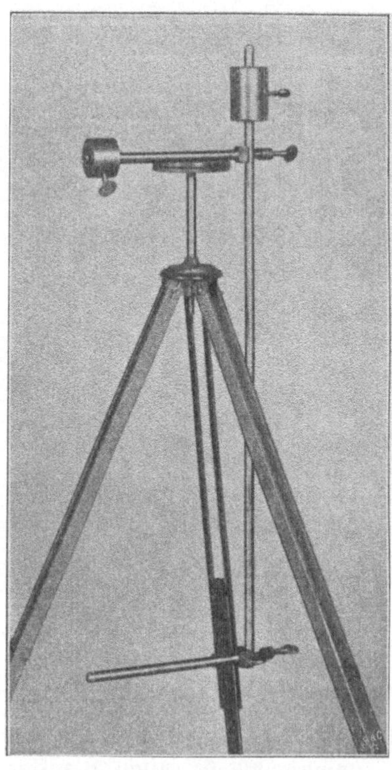

Fig. 37.

Muffenstabes befindet. Das Tischchen ist mit einem Klemmkopfe auf einem dreibeinigen photographischen Stativ befestigt. Die Reibung und deshalb auch die Dämpfung des Pendels ist überraschend gering, die Schwingungen behalten mehr als 10 Minuten lang eine zur Beobachtung ausreichende Größe.

Es ist leicht, dem beschriebenen Pendel eine elektrische Kontaktvorrichtung anzufügen. Eine photographische Kopierklammer wird auf den als Schneide dienenden Muffenstab geklemmt, ihr Ende trägt, mit Wachs oder sonstwie befestigt, ein Stückchen Draht, das bei jeder Doppelschwingung einmal die elektrische Verbindung zweier Quecksilbernäpfchen herstellt, indem seine abwärts gebogenen Enden in das Quecksilber eintauchen.

Setzt man den das Schiebegewicht tragenden Muffenstab nicht an das Ende des langen Stabes, sondern etwas weiter nach der Mitte, und fügt auf dem nun überstehenden Ende des Stabes noch ein Schiebegewicht hinzu, so kann man durch Verschieben dieses die Schwingungsdauer um beide Muffenstäbe als Schneiden gleich groß machen und hat damit ein Reversionspendel (Fig. 37).

Ein besonders schöner Versuch mit dem Reversionspendel, der auf die Bewegung eines exzentrisch gestoßenen Körpers ein helles Licht wirft, ist der folgende. Man hängt die eine Schneide des Reversionspendels in die am Ende eines langen, oben befestigten Bindfadens geknüpfte Schleife, so daß der Stab des Pendels senkrecht hängt, und versetzt ihr dann einen kurzen wagerechten Stoß. Man sieht dann das Pendel um den unteren Muffenstab schwingen, der keine seitlichen, sondern nur senkrechte, durch die unveränderliche Länge des Fadens verursachte Bewegungen ausführt. Das Pendel schwingt so, als ob seine ganze Masse in seinem Schwingungsmittelpunkt, also in der Reversionsschneide, sich befände.

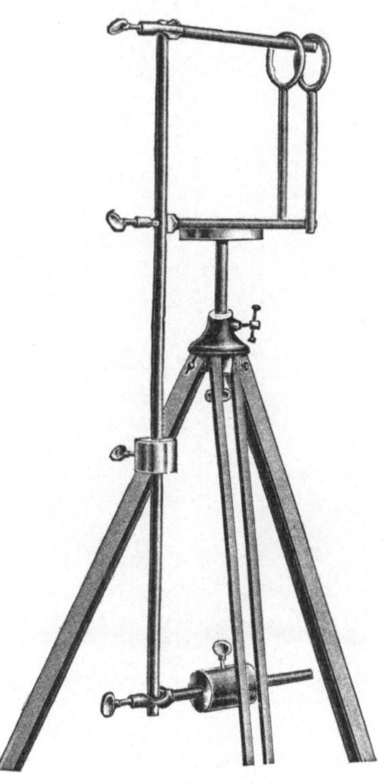

Fig. 38.

Ein Pendel mit hörbarem Schlag erhält man, wenn man 20 cm über der Schneide noch einen Muffenstab befestigt und über ihn zwei kleine Ringe vom Bunsenschen Stativ oder ähnlich gestaltete Metallstücke hängt. Diese heben sich, wenn richtig angehängt, bei jeder Schwingung von dem als Schneide dienenden Stabe ab und fallen dann mit lautem Schlage wieder dagegen. Die Reibung ist durch diese Vorrichtung erheblich vermehrt, und man muß das Pendel unten stark belasten, wenn die hörbaren Schläge ohne Nachhilfe länger als 3 Minuten andauern sollen (Fig. 38).

Zwei gleiche Pendel einfachster Art, verbunden durch einen mit seinen Endschleifen über die Stäbe gestreiften Bindfaden, der eine Belastung von etwa 100 g trägt, bilden ein Oberbecksches Doppelpendel (Fig. 39). Daß die Bindfadenschleifen nicht etwa abrutschen können, verhüten zwei Kopierklammern. Versetzt man das eine Pendel in Schwingungen, so zieht es an dem gespannten Bindfaden das andere in gleicher Phase nach sich. Nun wird es selbst aber durch die Belastung verzögert, das andere dagegen beschleunigt. Das dauert so lange, bis das zweite Pendel dem ersten die Hälfte seiner Schwingungsenergie abgenommen hat. In diesem Zustande gleicher Schwingungsenergie herrscht daher keine Phasengleichheit mehr, und jedes Pendel beschleunigt das andere in einem Teil der Schwingung und wird von ihm in dem andern Teil der Schwingung beschleunigt. Der Phasenunterschied ist ein solcher, daß das zweite Pendel auch weiterhin noch Schwingungsenergie vom ersten aufnimmt, und es hat gerade in dem Augenblick die gesamte Schwingungsenergie übernommen, in dem der Phasenunterschied wieder rückgängig

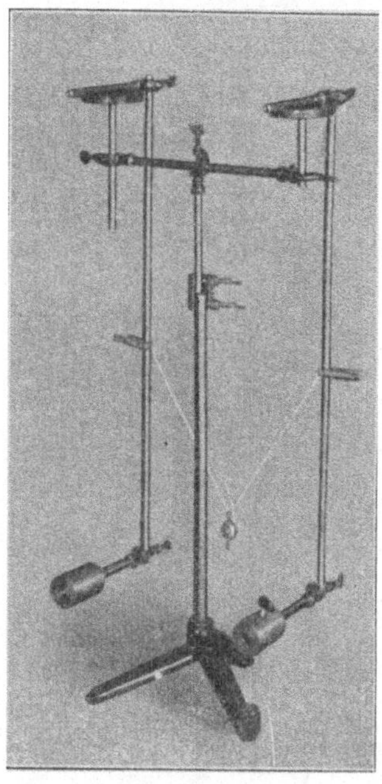

Fig. 39.

gemacht ist, das Spiel beginnt also, nur mit vertauschten Rollen, von neuem.

Zwei Pendel einfachster Art, die in zueinander senkrechten Ebenen schwingen, sind trefflich geeignet zu einer glänzenden Demonstration der Lissajou schen Figuren. Die Pendel werden so aufgestellt, daß die die Tischchen überragenden Enden der als Schneiden dienenden Stäbe übereinander liegen (Fig. 40). Auf jedes dieser Enden klemmt man unter 45° Neigung mit einer photographischen Klammer ein Stückchen Spiegel. Ein Sonnenstrahl wird wagerecht auf den einen Spiegel geleitet, der ihn senkrecht dem andern zuwirft, von wo er wieder wagerecht, jedoch rechtwinklig zur ersten Richtung, auf die Wand des Zimmers trifft. Läßt man nur das eine oder nur das andere Pendel schwingen, so beschreibt der Lichtfleck eine senkrechte oder eine wagerechte gerade Linie. Läßt man aber beide Pendel gleichzeitig schwingen, so geben sie bei verschiedenen Schwingungsdauern die Lissajou schen Figuren, bei genau gleichen Schwingungsdauern aber, je

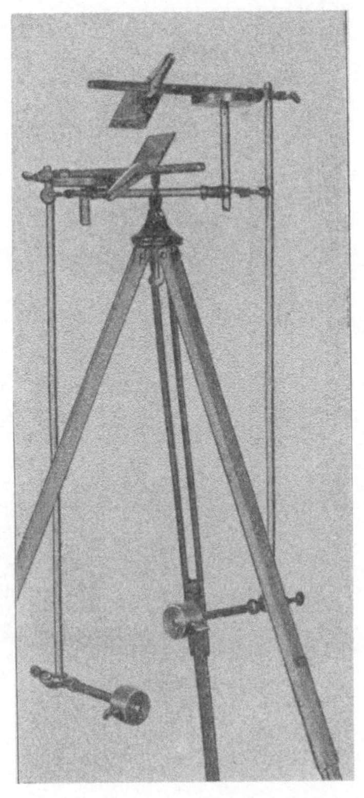

Fig. 40.

nach dem Phasenunterschied, alle die Schwingungsformen, deren ein Fadenpendel fähig ist, insbesondere also die Kreisschwingung. Bei den beiden optisch gekuppelten Pendeln kann kein Zweifel sein, daß in dieser Kreisform die unveränderten Pendelschwingungen stecken, daß also die Projektionen des Radius auf die Koordinatenachsen das Gesetz der

Pendelschwingung enthalten. Die vollkommene Übereinstimmung des Fadenpendels in bezug auf die Schwingungsform beweist, daß auch seine Schwingung in derselben Weise, d. h. rechtwinklig, zerlegt werden darf. Der Versuch gibt also die empirische Rechtfertigung für die geometrische Analyse der Pendelschwingung, noch mehr, er gibt den Begriff der Superposition und des Vektors und der geometrischen Addition. Ich glaube, daß es zweckmäßig wäre, diesen Versuch, d. h. die Superposition der Bewegungen, vorauszustellen der Superposition, dem Parallelogramm der Kräfte, denn sie hat vor dieser die größere Anschaulichkeit voraus. Wenn der Nachweis von Mach zutrifft, daß in der Geschichte der Physik die Entwicklung der Statik nicht gelingen konnte ohne die Kenntnis einiger Sätze der Dynamik, so empfiehlt es sich auch für den Unterricht, nicht an der der Reihenfolge Statik, Dynamik starr festzuhalten.

Ein Freihandversuch zur Zerlegung der Pendelschwingungen sei hier eingeschoben. Der Pendelkörper besteht aus einem Buch; dies wird bifilar

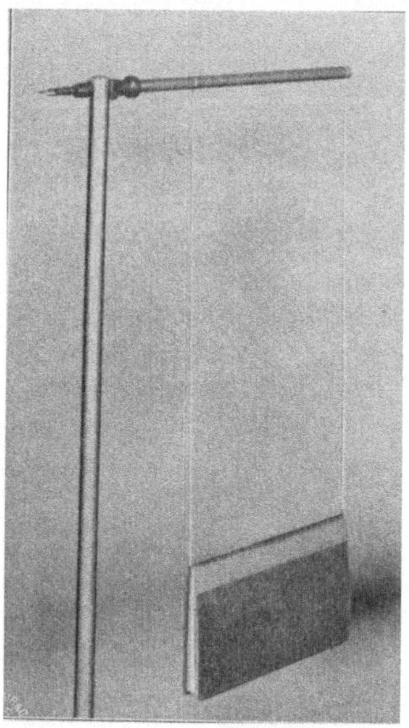

Fig. 41.

aufgehängt an einem Faden, dessen Mitte wie ein Buchzeichen zwischen die Blätter des Buches gelegt ist (Fig. 41). Läßt man dieses Pendel in schräger Richtung schwingen, so sieht man es bald die Bahn der Lissajouschen Figur für nahezu gleiche Schwingungsdauer beider Komponenten durchlaufen. Die Ursache für diese Abweichung von der einem Fadenpendel zukommenden Bewegung liegt in dem Luftwiderstand, der gegen die Breitseite des Buches einen beträchtlichen Wert hat, gegen den Schnitt aber einen sehr geringen. Es handelt sich also um eine Einwirkung auf nur eine Komponente der Bewegung, also um eine tatsächliche Komponentenzerlegung.

Auf die Gefahr hin, daß es für Spielerei angesehen wird, soll endlich noch der Aufbau einer gangbaren Pendeluhr aus den Stücken des physikalischen Baukastens beschrieben werden. Sie besitzt natürlich weder Zeiger noch Zahnräder noch Zifferblatt, aber die wichtigsten Stücke, das Pendel, das Gewicht und die

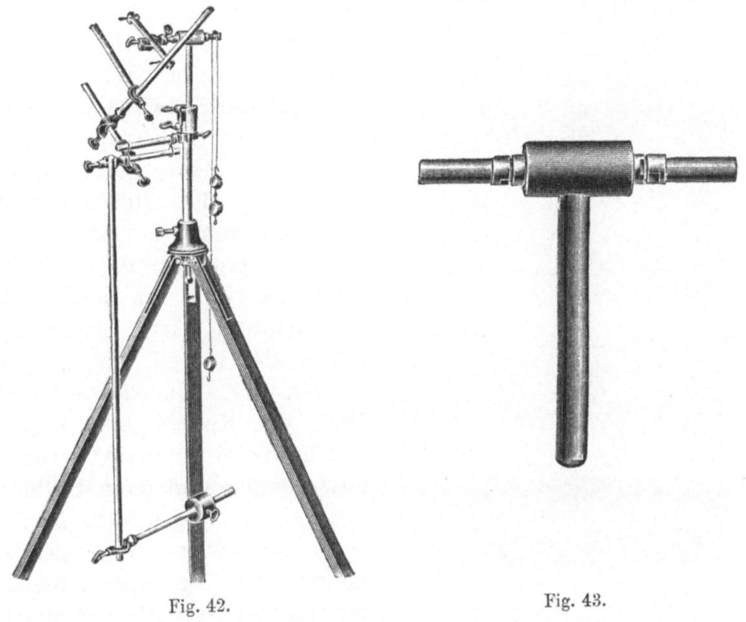

Fig. 42.   Fig. 43.

schiefen Ebenen des Ankers, sind vorhanden, das Steigrad ist auf zwei Zähne reduziert. Das Pendel hat wieder die schon mehrfach benutzte Zusammensetzung, es liegt aber nicht wie bisher auf einem Tischchen, denn da würde es durch die Stöße der Hemmung bald an eine andere Stelle geschoben, vielleicht sogar heruntergeworfen werden. Es ist vielmehr in zwei Bindfadenringe gehängt, die in der Form einer 8 zusammengefaltet sind (Fig. 42). Die Bindfadenringe, die übrigens recht klein gemacht werden, hängen an einem Muffenstabe. Senkrecht über dem Schwerpunkte des

Pendels setzt sich an seinen oberen Querstab unter 45⁰ gegen
das Lot geneigt ein Muffenstab an, dem zwei weitere rechtwinklig
aufeinandergesetzt folgen, die die schiefen Ebenen der Hemmung
bilden. Bei ruhig herabhangendem Pendel sind sie Sekanten zu
der Bahn der Steigradzahnkanten, beim Gange der Uhr werden
sie von diesen zur Seite gedrängt und von ihnen in dem Augenblick verlassen, wo sie zu Tangenten geworden sind. Das
Steigrad dreht sich um eine Kugellagerachse, die im folgenden noch mehrfach benutzt werden wird; sie ist ursprünglich für die Schwungmaschine gebaut und in Fig. 43 besonders abgebildet. Auf diese Achse ist das Steigrad mit
einer Rohrmuffe aufgesetzt; es besteht aus einem zweiseitigen
Klemmstabe, in den beiderseits Knopfstäbe quer eingesetzt
sind; sie stellen die Zahnkanten dar. Um das hintere
Ende der Kugellagerachse ist ein Bindfaden einigemal herum-
geschlungen und dann beiderseits mit 100 g belastet. Diese
Belastung sichert eine genügende Reibung des Fadens
auf der Achse, ein auf einer Seite zugefügtes Zusatzgewicht
von 100 g gibt die Triebkraft

Fig. 44.

her. Auf welcher Seite das Zusatzgewicht angehängt wird, ist
gleichgültig, denn bei der vollkommenen Symmetrie ihres Aufbaues geht die Uhr ebensogut nach der einen wie nach der
andern Seite. Beim Versuch gibt man dem Pendel gerade so
viel Bewegung, als zum Abgleiten der Stifte von den schiefen
Ebenen ausreicht; in etwa 12 Schlägen vermehrt sich der Pendel-
ausschlag bis zu seinem Maximum, das reichlich das Andert-
halbfache des eben ausreichenden Anfangsausschlages beträgt.

Ein Machsches Pendel, bei dem die Schwingungsebene beliebig gegen das Lot geneigt werden kann, läßt sich folgendermaßen bauen (Fig. 44). Das Pendel wird gebildet aus dem Stiel der Kugellagerachse, einem zur Verlängerung darangesetzten Stabe und einem Schiebegewicht. Es schwingt um den Schaft der Kugellagerachse, dessen Ende in die Rohrmuffe einer Konusachse gesteckt ist. Der jenseits vorstehende Stab der Konusachse dient als Handhabe bei der Neigung der Schwingungsebene. Der Teilkreis auf der Konusachse erlaubt, die Neigung der Schwingungsebene gegen das Lot abzulesen, der Kosinus dieses Winkels gibt die auf das Pendel wirkende Komponente der Beschleunigung an.

Ein Pendel nach Fig. 45 kann bisweilen recht gute Dienste tun als Schüttelapparat oder zum Bewegen photographischer Schalen. Der auf das Pendel mit einer Rohrmuffe aufgesetzte Halter für die Flaschen und Schalen besteht aus zwei auf einen Querstab geklemmten Muffenstäben.

Eine Fallmaschine von sehr guter Wirkung läßt sich nach Fig. 46 zusammensetzen. Ein Stativ mit 20 mm starkem Stabe wird durch Ansetzen weiterer Stäbe passend verlängert. An dem oberen Ende dieses langen Stabes befestigt man mit einer Rohrmuffe eine Rolle mit Spitzenlagerung als den wichtigsten Teil der Maschine. Die beiden Gewichte haben abschraubbare Köpfe und sind inwendig hohl, sie können also mit eingefülltem Schrot beliebig abgeglichen werden. Das Zusatzgewicht wird aus Draht in Form einer aufgeschnittenen Ellipse gebogen; um es abzuheben,

Fig. 45.

dient ein Ring vom Bunsenschen Stativ, der mit einer Kreuzmuffe angebracht wird. Wenn das Fallgewicht seine Anfangs-
stellung hat (oberer Rand in der Höhe des obersten Teilstriches),
steht das Gegengewicht gerade auf einem Tischchen auf und
wird unten gehalten durch irgend ein aufgelegtes Gewichtchen,
an dem ein Zwirnsfaden befestigt ist. Mit Hilfe dieses Zwirns-

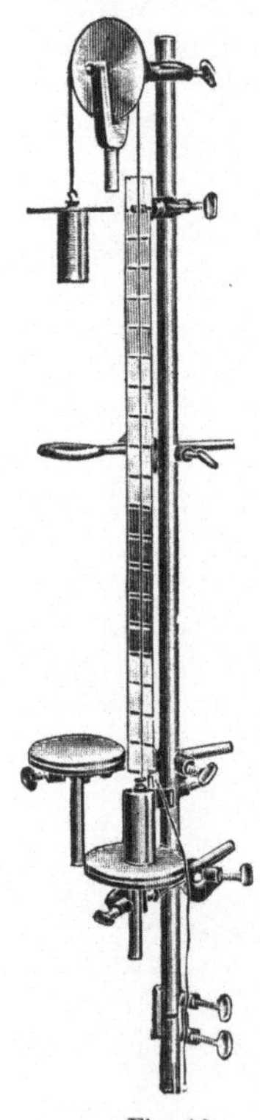

fadens kann man das Gewichtchen außerordentlich genau zur beabsichtigten Zeit ab-
heben und damit die Maschine in Gang setzen.
Die zweite Tischplatte, die den Fall begrenzt,
wird richtig eingestellt, indem man das Gewicht auf sie aufsetzt und nach seiner oberen
Kante einstellt. Der Maßstab besteht aus 3 cm
breiten Streifen von dickem Zeichenpapier,
er ist von drei zu drei cm mit kräftigen
Strichen geteilt und je 5 Striche sind in der
schon früher erwähnten Weise durch die
gleiche Farbe des Grundes vereinigt, um ihn
ohne Bezifferung ablesen zu können. Die Befestigung des Maßstabes wird durch 13 mm
weite Löcher, die den obersten und untersten
Teilstrich durchschneiden, ermöglicht, denn
diese Löcher kann man über kurze Muffenstäbe schieben, die an dem langen Stabe in
passendem Abstande befestigt sind. Auf diese
Weise lassen sich auch mehrere Maßstäbe zu
einem längeren vereinigen, indem man über
denselben Stab das Endloch des einen und
das Anfangsloch des anderen Streifens schiebt.
Die schiefe Ebene kann in den ver-

Fig. 46.   schiedensten Formen zusammengestellt werden.   Fig. 47 zeigt eine einfachere Ausführung. An einem kräftigen Stative ist ein mittellanger
Muffenstab befestigt als Träger einer Konusachse, deren Stab
die schiefe Ebene darstellt. Das gegenüberstehende Rohr trägt
eine Rolle in Spitzenlagerung, die Leitrolle für den Faden.
Auf der schiefen Ebene, die rückwärts, um das Abstürzen zu
vermeiden, durch einen kurzen Muffenstab begrenzt ist, rollt
die Laufkatze, gebildet aus einer Rolle mit Schere, Knopfstift,

Klemmstab, Muffenstab, Rohrmuffe, Haken und Gewicht. Letzteres ist hohl und, indem man es mehr oder weniger mit Schrot füllt, kann man das Gesamtgewicht der Laufkatze auf einen bequemen Wert bringen. Durch Verschieben des Muffenstabes läßt sich der Schwerpunkt leicht unter den Mittelpunkt der Laufrolle bringen; ein Teilkreis erlaubt, den Neigungswinkel abzulesen.

Fig. 47.

Eine größere schiefe Ebene von etwas verwickelterem Aufbau zeigt Fig. 48, sie erlaubt zugleich das Verhältnis der Höhe zur Länge der schiefen Ebene an einem Maßstabe abzulesen. Die schiefe Ebene ist hier gebildet aus einem langen Muffenstabe, für den ein kürzerer, der in der Bohrung einer Konusachse steckt und den Stab für das Gegengewicht trägt, die Drehungsachse bildet. Auf dem Stab für das Gegengewicht ist auch mit Rohrmuffe und Klemmstab die Leitrolle für den Faden befestigt. Die Laufkatze ist in derselben Weise gebaut wie in der vorigen Figur, die Länge ihres Weges ist durch zwei kurze Muffenstäbe begrenzt. Die Teilung auf dem Pappstreifen ist in Zehnteln der Länge des Muffenstabes, gemessen von der Mitte der Drehungsachse bis zum Aufhängungspunkte des Fadens, ausgeführt, ein wagerechter Stab dient als Zeiger für den Maßstab.

Mit Hilfe der Kugellagerachse, die bei der Pendeluhr schon erwähnt wurde und in Fig. 43 abgebildet ist, lassen sich nach Fig. 49 und 50 sehr handliche Schwungmaschinen bauen,

Fig. 48.

deren Einrichtung wohl auch ohne Beschreibung aus den Abbildungen deutlich wird. Die mit der Schwungmaschine zu benutzenden Apparate sind ja bekannt, es sei nur die hohle Achse in Fig. 51 abgebildet, die mit Äther zur Hälfte gefüllt und mit der Kluppe bei der Reibung leicht gebremst einen schönen Nachweis der Reibungswärme mit einfachen Mitteln darbietet.

Die Kugellagerachse ist auch unabhängig von der Schwungmaschine zu vielen Anwendungen nützlich. Wenn man z. B.

Volkmann.

beiderseits mehrstufige Schnurscheiben, wie sie in Fig. 52 u. 53 abgebildet sind, aufsetzt, dient sie als Vorgelege, und in Vereinigung mit einer Schnurscheibe und dem Bremszaum (Fig. 54), dessen vorstehender Kreuznippel als Mitnehmer für einen Umdrehungszähler dient, ist sie zur Messung der Leistung kleinerer Motoren sehr geeignet. Wenn der Umdrehungszähler jede hundertste Umdrehung mit einem Glockenschlag anzeigt, können die Schüler sogar nach ihrer Taschenuhr die Umdrehungsgeschwindigkeit selbst bestimmen.

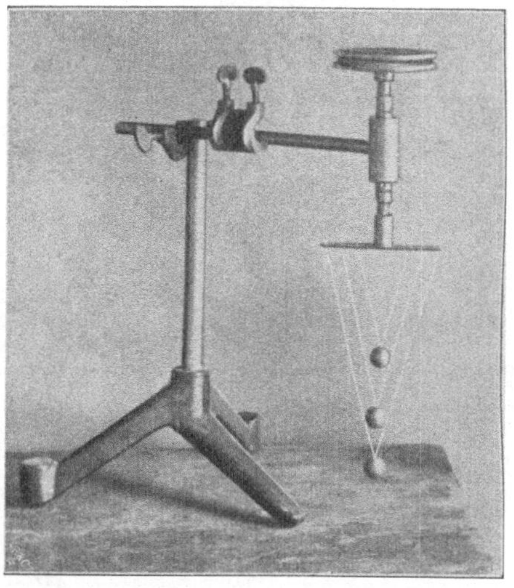

Fig. 56.

Mit den Schwungscheiben (Fig. 55) ausgerüstet, kann die Kugellagerachse oft mit Vorteil statt der Schwungmaschine verwendet werden, so bei der Benutzung der vortrefflichen Kugelschwebe, die Fuchs im 16. Bande der Zeitschrift für physikalischen und chemischen Unterricht auf Seite 343 beschreibt, und die in Fig. 56 in einer zur Kugellagerachse passenden Form und an dieser befestigt abgebildet ist. Man setzt sie in Bewegung, indem man auf die Schwungscheibe den Finger aufsetzt und langsam anfangend die Geschwindigkeit der Drehung so lange steigert, bis alle Pendel gestiegen sind. Dann überläßt man den Apparat sich selbst, und mit abnehmender Drehungsgeschwindigkeit sinken die Pendel langsam wieder herab, immer genau in einer Ebene bleibend, was sehr scharf beobachtet werden kann. Aus diesem Versuch läßt sich leicht die Fliehkraftformel ohne versteckte Infinitesimalrechnung ableiten.

Die Schwungscheiben passen auch auf die Stäbe von 13 mm Stärke. Läßt man einen solchen mit Schwungscheiben beschwerten Stab auf einer aus zwei Stäben gebildeten schiefen Ebene einmal auf dem Stabe und einmal auf den Nuten der Schwungscheiben abrollen, so gibt das eine anschauliche Vorstellung von der Bedeutung des Trägheitsmomentes. Derselbe Stab mit Schwungscheiben ist in Fig. 57 auf ein aus Rollen zusammengesetztes Friktionslager gelegt.

Fig. 57.

Dritter Teil

Einige Modelle.

Von dem physikalischen Schulunterricht verlangt man nicht nur eine Vorführung der physikalischen Erscheinungen und der zu ihrer Erklärung und Zusammenfassung aufgestellten Theorien und Naturgesetze, sondern auch eine Darstellung ihrer wichtigsten Anwendungen in der Technik und in den Instrumenten, die anderen Wissenschaften als Hilfsmittel der Forschung dienen. Wenn man diese Darstellungen durch Vorzeigen von Modellen beleben kann, so ist das ein um so größerer Vorteil, je verwickelter die Zusammensetzung des Instrumentes ist, je weniger also eine Zeichnung ausreicht, eine klare Vorstellung von seinem Aufbau zu geben. Ich habe es deshalb für nützlich gehalten, eine Anzahl geodätischer, astronomischer und physikalischer Meßinstrumente, außerdem auch einige geometrische Anschauungsmodelle aus den Stücken des physikalischen Baukastens nachzubilden. Wenn auch einige dieser Modelle eine solche Meßgenauigkeit aufweisen, daß sie in den praktischen Schülerübungen recht wohl zu brauchen sind, so ist bei ihrem Aufbau doch nur versucht worden, allein dem Grundgedanken des Instrumentes möglichst anschaulichen Ausdruck zu geben. Die endgültige Form eines ernsthaften Meßinstrumentes wird aber durch technische Erwägungen und die Rücksicht auf alle die Messungsgenauigkeit beeinflussenden Nebenumstände oft so weit von der einfachsten Darstellung der Grundidee ferngerückt, daß nach diesen Modellen noch gute Abbildung wirklich benutzter Instrumente vorzuzeigen dringend notwendig erscheint. Jedenfalls erscheint mir dieser

Weg bedeutend vorteilhafter als die Benutzung der von manchen Mechanikern hergestellten Schulmodelle, die trotz hohen Preises und unzulänglicher Größe oft nichts weiter als äußerliche und deshalb unbrauchbare Nachbildungen guter Instrumente sind.

Fig. 58.

Das Verständnis der Sätze über die Koordinatenumformung wird bedeutend erleichtert durch ein Modell, das zeigt, wie man durch drei Drehungen die drei zu einander senkrechten Achsen eines beweglichen Koordinatensystems in jede mit der Orthogonalität verträgliche Stellung zu den Achsen eines festen Systems bringen kann. Dieses Modell hat die folgende

Zusammensetzung (Fig. 58). An einem langen, lotrecht aufgestellten Stabe werden mit einer dreifachen Muffe zwei kurze Stäbe
senkrecht zu ihm und zueinander festgeklemmt. Sie bilden
das feste Koordinatensystem und werden durch übergeschobene
Röhren aus verschiedenfarbigem, oder wenn auf Farbenblinde
Rücksicht zu nehmen ist, aus weißem, schwarzem und gestreif-
tem Papier kenntlich gemacht. Auf sein oberes Ende steckt
man eine Konusachse mit Teilkreis und einen Index, auf den

Fig. 59.

Querstab der Achse eine zweite und auf deren Querstab eine
dritte Konusachse. Der Querstab dieser endlich trägt an einer
dreifachen Muffe das bewegliche Koordinatensystem, das wie
das andere kenntlich gemacht wird.

Ein goniometrisches Modell, gewissermaßen ein Rechen-
schieber zur Ablesung des Sinus wie auch des zu einem Ein-
fallswinkel gehörigen Brechungswinkels, der besonders da von
Nutzen sein dürfte, wo Vertrautheit mit den goniometrischen
Formeln nicht vorausgesetzt werden kann, läßt sich aus den

Stücken des Baukastens und einer einfachen auf Pappe zu entwerfenden Zeichnung ausführen (Fig. 59) An einem senkrechten Stabe wird wagerecht ein Stab befestigt und auf ihn eine Konusachse geschoben. Ihr Querarm trägt ein Schiebegewicht, ihre Rohrmuffe einen Stab, an dem mit Rohrmuffe und Klemmstab ein Haken befestigt ist. Hängt man an diesen ein Fadenlot, so gibt der Abstand des Fadens von der Drehungsachse den Sinus des Drehungswinkels an, wenn der größte mögliche Abstand als Einheit gerechnet und die Winkel von der senkrechten Stellung aus gezählt werden. Hieraus ergibt sich die auf Pappe zu entwerfende Zeichnuug, die zum Ablesen der Winkel und des Sinus dient. Sie besteht aus einem Halbkreis und einer auf den Durchmesser und seine Verlängerung aufzutragenden Teilung in Zehntel des Halbmessers. Ein 13 mm weites Loch um den Mittelpunkt des Kreises erlaubt, die Pappe auf den wagerechten Stab zu stecken; bringt man unter diesem Loch ein zweites von gleicher Größe an, so kann es dazu dienen, daß mit einem zweiten wagerechten Stabe die Pappe gegen Drehung gesichert wird, natürlich muß dieses Loch so tief angebracht werden, daß der Arm mit dem Schiebegewicht nicht an den Stab anstoßen kann. Will man die Sinus ablesen, so bringt man den Knüpfpunkt des Fadens in den Abstand Eins von der Achse, will man aber die Brechung, etwa beim Brechungsverhältnis 1,4 verfolgen, so bringt man den Knüpfpunkt in den Abstand 1,4, wozu die Verlängerung des Maßstabes über den Kreis hinaus Hilfe gewährt. Die Stellung des drehbaren Stabes gibt dann den Winkel im dichteren, die Überkreuzung des Fadens mit dem Teilkreis den im dünneren Medium an.

Zu einem Kathetometer gehört vor allem ein senkrechter, um seine Längsrichtung drehbarer Stab, der bei der Drehung gegen Schwanken gesichert ist. Diesen erhält man, wenn man einen langen, ₁13 mm starken Stab in eine Konusachse klemmt, die an ihrem Querarm festgehalten wird und der oberen, angebohrten Pfanne des Stabes eine Spitze als Führung bietet. Der Konus wird mit seinem dünnen Ende abwärts gerichtet. Auf dem Stabe hat der das Fernrohr tragende Schlitten zu gleiten, er könnte am einfachsten durch eine Muffe ersetzt werden, indessen eine Muffe hat eine zu kurze Gleitfläche und gleitet deshalb nicht sanft, sondern ruckweise.

Man tut deshalb gut, zwei Muffen anzuwenden, die, um eine
mäßige Strecke voneinander entfernt, untereinander sitzen und
durch eine Querverbindung unverrückbar miteinander verbunden sind. Ein derartiger Schlitten, der auch in andern
Fällen vorteilhaft ist, gleitet sehr sanft, man findet aber, wenn

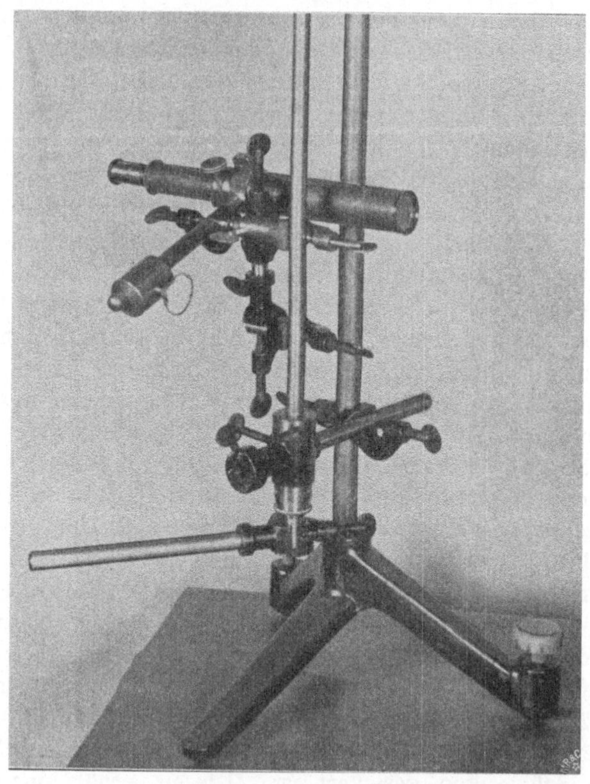

Fig. 60.

man ihn mit einem Fernrohr versieht, daß das Lösen und
wieder Anziehen der Schrauben immer noch eine Verschiebung
des Schlittens verursacht, die, auf einem 1 m entfernten Maßstab abgelesen, einige mm ausmacht. Es ist also, wenn das
Modell zu brauchen sein soll, noch eine Feinverstellung des

Fernrohrs erforderlich. Eine solche läßt sich in einfacher, aber für den Zweck genügender Weise folgendermaßen herstellen. Man nimmt als obere Muffe des Schlittens eine Rohrmuffe, setzt in sie eine kurze Stabmuffe und läßt von ihr den Stiel der Fernrohrschelle tragen, so daß das Fernrohr beim Heben und Senken des Stieles um die Stabmuffe als Achse einen Zylindermantel beschreibt. Damit diese Bewegung recht sanft geschehe, zieht man die Klemme des Muffenrohres nur wenig an, unterlegt sie wohl auch noch mit einem in das Gewinde- loch geschobenen Stückchen Kork. Mit dieser Einrichtung kann man den Kreuzpunkt der Fäden leicht auf ein Zehntel mm genau auf die Flüssig- keitskuppe und dergl. einstellen. Ist dies geschehen, so dreht man, ohne das Fern- rohr zu verstellen, den langen senkrechten Stab so viel, daß das Fernrohr auf eine dicht neben den zuerst betrachteten Appa- rat gestellte mm-Skale gerichtet ist, und liest ab. Diese Drehung läßt sich leicht und genau mit einem langen, unten an den langen Stab geklemmten Muffenstabe bewirken. Die hier gewählte Feinstellung des Fernrohres bringt eine wechselnde Neigung des Fadenkreuzes mit sich, was aber die Messungen nicht merklich stört. Man kann auch den schrägen Faden, wenn er gut gespannt ist, als Transversalmaß

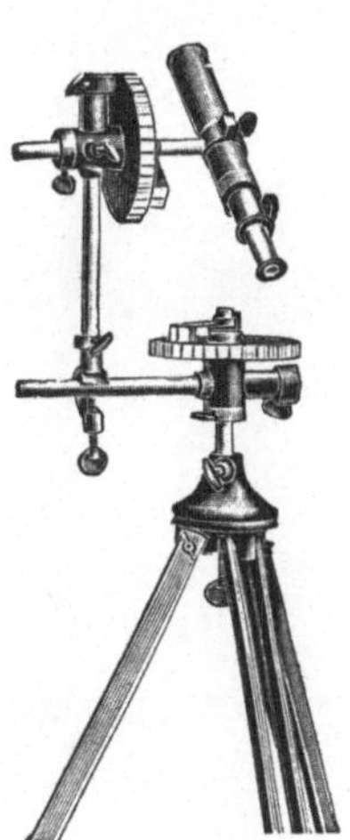

Fig. 61.

benutzen, indem man auf seiner von zwei mm-Strichen be- grenzten Länge die Lage des Kreuzpunktes nach Zehnteln abschätzt.

Einen sehr einfachen Aufbau hat der Theodolith, der gleich in der Ausführung mit Höhenkreis und durchschlag- barem Fernrohr beschrieben werden soll (Fig. 61). Aus dem Klemmkopf auf einem photographischen Stative ragt ein kurzer Stab (ein Stiel zu einem Tischchen ist am geeignetsten). Auf ihn ist eine Konusachse mit Teilkreis und ein Index geschoben. Eine zweite Konusachse wird mit ihrem Querstab und einer Rohrmuffe auf den Querarm der ersten gesetzt und nimmt den Stiel der Fernrohrschelle auf. Das Ausrichten geschieht mit hinreichender Genauigkeit nach einer kleinen Dosenlibelle, wie sie für photographische Apparate benutzt wird. Bringt man auf den Indices mm-Teilungen an, so kann man die Ablesegenauigkeit allenfalls noch auf Drittelgrade treiben.

Die topographische Aufnahme mit Kippregel und Meßtisch ist ein so anschauliches Verfahren zur Gewinnung von Landkarten, daß sie im geographischen Anfangsunterricht gezeigt werden sollte. Als Meßtisch dient ein Zeichenbrett, in dessen Rückseite man eine Mutter mit dem bei photographischen

Fig. 62.

Apparaten üblichen Gewinde einläßt. Hiermit wird das Brett auf ein photographisches Stativ geschraubt. Die Kippregel (Fig. 62) hat zum Fuß ein dreieckiges Brett, dessen lange Seite als Lineal zugeschrägt ist. Ein Plattenstiel, der an dem Brettchen festgeschraubt ist, trägt die Konusachse, in der der Stiel der Fernrohrschelle sitzt. Wenn man will, kann man der Achse noch einen Teilkreis aufsetzen und so zugleich die Höhen aufnehmen. Da der Apparat nicht eisenfrei ist, verbietet sich der Gebrauch eines Kompasses, man richtet also das Brett aus, indem man von jedem der beiden Aufnahmepunkte nach dem andern visiert unter Anlegung des Lineals an die Verbindungslinie der Bilder beider Punkte auf dem Meßtischblatte. Zum Ausrichten des Blattes dient wieder eine Dosenlibelle.

Ein einfacher, aber leidlich brauchbarer Reflexionskreis (Fig. 63) wird erhalten, wenn man durch eine Konusachse einen Stab steckt und an ihm sowie an einem auf den Querarm gesetzten Muffenstabe Spiegelstückchen mit Kopierklammern festklemmt. In die Rohrmuffe kann man noch einen kurzen

Fig. 63.

Klemmstab stecken, dessen Querloch einen an seinem Ende als Schauloch umgebogenen Draht aufnimmt.

Eine parallaktische Fernrohraufstellung für astronomische Beobachtungen wird folgendermaßen bewirkt (Fig. 64). An dem Klemmkopf eines photographischen Statives wird mit Stab und Kreuzmuffe oder mit Stabmuffe der Querarm einer Konusachse in solcher Lage befestigt, daß die Bohrung auf den Himmelspol gerichtet ist. Durch diese kommt ein Stab, der unten ein Schiebegewicht und oben die Rohrmuffe einer zweiten Konusachse trägt, durch deren Bohrung der auf der Rückseite mit einem Schiebegewicht beschwerte Stiel einer

Fernrohrschelle geht. Die Anordnung läßt sich auch etwas
anders treffen, doch ist bei der beschriebenen die Polarachse
durch ihre Länge auffällig hervorgehoben, was ich für einen
Vorzug halte. Bei sorgfältiger Zusammensetzung und richtiger
Verteilung der Schiebegewichte reicht die Genauigkeit der
Aufsuchungskreise und die Festigkeit der Aufstellung für
Fernrohre bis zu etwa 50 cm Brennweite aus.

Fig. 64.

Besitzt man nur ein Rädertellurium, so hat es Nutzen, zu
seiner Ergänzung den Baukasten heranzuziehen und z. B. zur
Erläuterung der den Wechsel der Jahreszeiten bedingenden
Stellung der Erdachse den in Fig. 65 dargestellten Apparat zusammenzusetzen. Der Klemmkopf trägt vermittelst eines Tisch-
chenstieles eine Konusachse und ein Gasglühlicht. Der Querarm der Achse ist mit Muffe und Stab verlängert zur Aufnahme
der erforderlichen Schiebegewichte, sein Rohr aber trägt an
langem Stabe eine zweite Konusachse, in deren Bohrung ein

Tischchen als Fuß für einen kleiner Globus befestigt ist.
Ein Muffenstab in der Ebene der Erdachse macht die Lage
dieser auffälliger. Bei derartig langen und schweren Ansätzen
für die Konusachse sei man auf sorgfältige Verteilung der
Schiebegewichte bedacht, sonst gehen die Konusse schwer und
leiden schließlich Schaden. Wie gesagt, empfehle ich dies
Modell nur als Ergänzung zu einem Rädertellurium, der dem
Zweck besonders und aufs beste angepaßte Apparat von Mang
in Heidelberg ist für diese Demonstrationen natürlich sehr viel
bequemer.

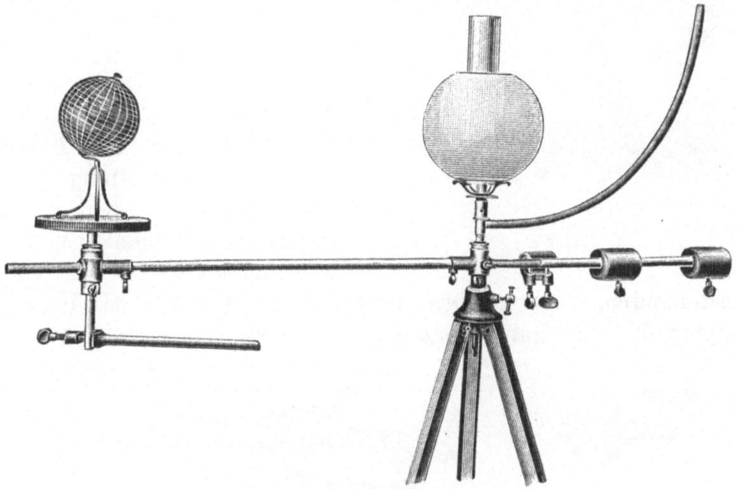

Fig. 65.

Ein Reflexionsgoniometer zum Messen der Kristallwinkel
zeigt Fig. 66. Als Lichtquelle dient eine kleine Glühlampe
für 6 bis 8 Volt mit geradem Faden, deren Licht von einem
Kinematographenobjektiv auf einen großen Kristall (etwa Alaun)
geworfen, von diesem reflektiert und auf dem über das Objektiv
geschobenen Pappschirm zu einem vergrößerten Bilde des
Kohlenfadens vereinigt wird. Der Kristall ist auf einer aus
drei Achsen gebildeten Justiervorrichtung angekittet, die in
Fig. 67 besonders abgebildet ist. Diese Justiervorrichtung ist
sehr bequem beim Versilbern und Prüfen kleiner Spiegel und
bei vielen ähnlichen Arbeiten.

Ein Bunsensches Spektrometer mit feststehendem Spaltrohr, beweglichen Skalen- und Schaurohren ist in Fig. 68 abgebildet, die seinen Aufbau wohl auch ohne Erläuterung erkennen läßt.

Ich füge noch einige Bemerkungen an über die Fernrohre, die in diesem und einigen vorerwähnten Apparaten verwendet sind. Sie sind möglichst einfach gebaut, um den Preis so niedrig als angängig zu halten. Das einfachere Fernrohr hat keinen Zahntrieb, aber eine Klemmschraube zur Fixierung der Einstellung und ein einfaches, aber gutes zweilinsiges, plankonvexes, verkittetes Objektiv mit vor

Fig. 66.

anstehendem Crown. Das bessere Rohr (Fig. 69) hat langen Zahntrieb, ein ganz vorzügliches zweilinsiges, bikonvexes,

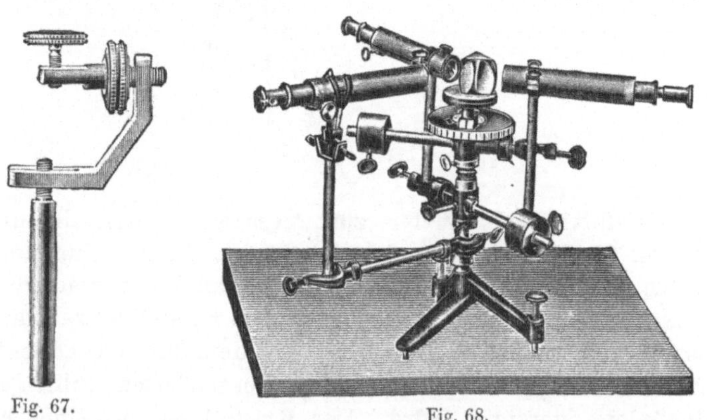

Fig. 67.

Fig. 68.

verkittetes Objektiv mit voranstehendem Flint. Beide Rohre haben ein leicht zugängliches eingeschraubtes Fadenkreuz und sehr zweckmäßig gefaßte aufsteckbare Okulare, die, mit einer schrägen Führungsnut einen feststehenden Stift umfassend, durch bloße Drehung gegen das Fadenkreuz verschoben werden können. Bei dieser Einrichtung, die allerdings nicht, wie ich anfangs glaubte, neu, sondern bei geodätischen Instrumenten schon altbewährt ist, kann jeder Schüler für sein Auge passend

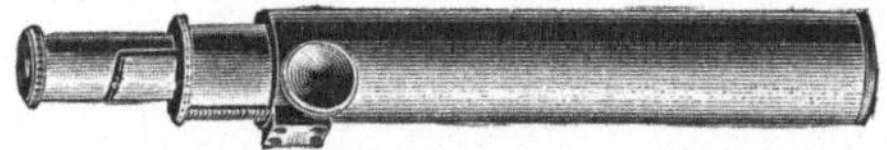

Fig. 69.

einstellen, ohne das Fadenkreuz zu verschieben. Das Objektiv hat keinen größeren Durchmesser als das Hauptrohr, um nicht das Einbringen des Rohres in die Schelle (Fig. 68), die entweder fest oder neigbar mit ihrem Stiel verbunden ist, zu erschweren. Statt des Okulares kann man einen Spalt (Fig. 69)

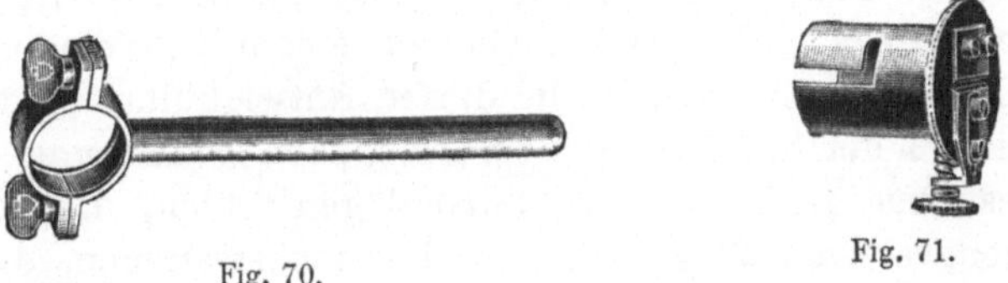

Fig. 70.

Fig. 71.

oder eine Bunsensche Skale aufstecken, wobei nach Belieben das Fadenkreuz ausgeschraubt oder auch an seinem Platz gelassen werden kann.

Die Zahl der zusammenstellbaren Modelle ließe sich noch vermehren, ich glaube aber im vorstehenden die wichtigsten aufgezählt zu haben und wende mich einer andern Aufgabe zu.

Vierter Teil

Optische Versuche.

Die experimentelle Vorlesungsoptik wird in hohem Maße von zwei Apparaten beherrscht, die sich im Laufe der Zeit zu immer größerer Vielseitigkeit entwickelt haben, es sind dies die optische Bank und der Projektionsapparat, zwei Apparate, die neuerdings mehr und mehr zu einem Universalapparat verschmelzen. Ein Schritt in dieser Entwicklung sind auch die meisten der im folgenden beschriebenen Neuerungen, dabei wird es aber auch nicht an Vorschlägen fehlen, die auf den entgegengesetzten Weg weisen und Demonstrationen, die man sich bereits gewöhnt hat, mit der Projektionsbank auszuführen, wieder von dieser loslösen, indem sie für den Apparat entweder eine handlichere Form oder einen Anschluß an Meßinstrumente suchen. Der Hauptsache nach werden wieder dieselben Stücke benutzt, aus denen die in vorhergehenden Abschnitten beschriebenen Apparate zuzammengesetzt sind, es treten hinzu einige Linsen und Blenden, die so ausgewählt sind, daß sie sich zu möglichst vielen verschiedenen Zwecken eignen. Der größeren Übersichtlichkeit wegen soll der eigentliche Projektionsapparat, d. h. die Vorrichtung, einen Gegenstand vergrößert auf der Wand abzubilden, in einen besonderen Abschnitt verwiesen werden und seine Anwendung in diesem Abschnitt nur insoweit besprochen werden, als das Optische an ihm um seiner selbst willen von Wichtigkeit ist.

Ihrem Wesen nach ist die Projektionsbank eine Vorrichtung zur zuverlässigen und bequemen Parallelverschiebung größerer Apparatenteile. Eine Schwierigkeit tritt dadurch ein, daß es oftmals nötig ist, die Schlitten der Parallelverschiebung sehr dicht aneinander zu bringen. Dadurch wurden die Mechaniker veranlaßt, die Schlitten in der Verschiebungsrichtung nur kurz zu machen, was ihre natürliche Standfestigkeit sehr herabsetzt und die weitere unangenehme Folge hat, daß sich die Schlitten der kurzen Führung wegen nicht so sanft verschieben, wie es wünschenswert ist. Um diese Nachteile zu vermeiden, wurden vielfach gehobelte Prismenführungen angewandt, die den Preis der Apparate sehr in die Höhe trieben, und Klemmvorrichtungen, die den Experimentator zwingen, zum Verschieben eines Schlittens beide Hände zu benutzen, was äußerst unbequem ist. Des weiteren können die schmalen Schlitten nur niedrige Apparate tragen; um also den ganzen Aufbau in die gehörige Höhe zu bringen, sah man sich genötigt, den optischen Bänken einen unverhältnismäßig großen Unterbau zu geben, der sie unhandlich und platzraubend macht. Alle diese Unzuträglichkeiten fallen fort bei der in Fig. 15 auf Seite 6 abgebildeten Schienenführung der Rohrstative. Als besonderer Vorteil tritt noch hinzu, daß man mit den Fußschrauben stets imstande ist, den Apparat genau auszurichten und zu zentrieren, während man bei den meisten optischen Bänken in dieser Beziehung ganz auf die Sorgfalt des Mechanikers angewiesen ist und eine durch Abnutzung oder schlechte Behandlung verdorbene Ausrichtung nicht wieder gut machen kann.

Fig. 72.

Zu allen Versuchen über die Eigenschaften der Linsen und der optischen Instrumente reichen folgende sechs Linsen aus, von denen die vier ersten auch bei der Projektion vielfache Verwendung finden: Zwei Plankonvexlinsen von 10 cm Durchmesser und 15 cm Brennweite, je eine Plankonvexlinse von 30 und 60 cm Brennweite und 10 cm Durchmesser, zwei Konkavlinsen, die eine von 60 cm Brennweite und 10 cm Durchmesser, die andere, halb so große, von 10 cm Brennweite.

Die starken Messingfassungen dieser Linsen laufen in einen 13 mm dicken Stiel aus, wenigstens eine der beiden 15 cm- und die 30 cm-Linse haben auch an der gegenüberliegenden Seite einen kurzen Stiel (Fig. 72), der für die Befestigung von Hilfsteilen große Bequemlichkeiten bietet.

Nächst den Linsen ist von Wichtigkeit die Lichtquelle. Althergebracht ist bei Linsenversuchen der Pfeil. Er hat zwei große Nachteile, man kann zwar oben und unten, aber nicht links und rechts an ihm unterscheiden, und er ist nicht selbstleuchtend, erfordert also die Anwendung von Beleuchtungslinsen, die sehr stören, weil ihre Wirkung an dieser Stelle des Unterrichtes nicht erklärt werden kann, und weil ihre optischen Eigenschaften auf die Wirkung der in Betracht kommenden Linsen, zumal wenn diese verschoben werden, keineswegs ohne Einfluß sind. Die einzige Möglichkeit bietet noch die Beleuchtung des Pfeiles oder einer ähnlichen Öffnung durch eine ausgedehnte, dicht dahinter stehende Lichtquelle, z. B. ein Gasglühlicht, doch ist dann die Größe des Gegenstandes ziemlich beschränkt und die Helligkeit des Bildes nur mäßig. Wo man elektrischen Anschluß hat, ist die beste Lichtquelle für diese Versuche eine aus zwei Glühlampen mit gespanntem Faden zusammengesetzte arabische Eins (Fig. 79). Bei dieser sind oben und unten, rechts und links unterscheidbar, und man kann alle Versuche so einrichten, daß Gegenstand und Bild von gut erkennbarer Größe bleiben.

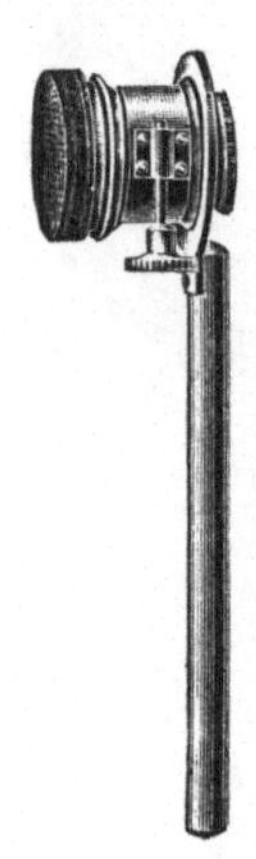

Fig. 73.

Was die übrigen optischen Versuche betrifft, so kommt man in allen Fällen, in denen die oben genannten Linsen nicht ausreichen, aus, wenn man ein gewöhnliches Projektionsobjektiv, ein solches von sehr kurzer Brennweite (Kinematographenobjektiv) (Fig. 73) und ein gutes Fernrohrobjektiv von 20 bis 40 cm Brennweite besitzt. Als Lichtquellen kommen außer der Lampe des Projektionsapparates in Betracht Glühlampen mit gespanntem Faden, Nernstlampen und bei einigen Spektralversuchen und den lichtschwächsten Beugungsversuchen das allen andern Lichtquellen weit überlegene Sonnenlicht.

Wo man nicht über die nötige elektrische Spannung verfügt, um größere Glühlampen brennen zu können, kann man sich oftmals mit einzelnen Fäden aus einem nicht abgebrannten Glühstrumpf sehr gut helfen. Man bindet einen solchen Faden an einen Draht und knüpft in sein unteres Ende als Belastung ein Stückchen Eisen- oder Kupferdraht von $1/_2$ mm Dicke und 5 bis 10 mm Länge. Das herabhängende Ende wird unten angezündet und dann der Faden in einer unter geringem Druck brennenden Gasflamme oder einer winzigen Spirituslampe zu heller Glut gebracht. Im verdunkelten Zimmer kann man mit dieser Licht-quelle ein ganz brauchbares objek-tives Spektrum entwerfen. Auch hori-zontal lassen sich bei einiger Ge-schicklichkeit solche Fäden zwischen zwei Drähten ausspannen, da an den wenig erhitzten Stellen die Kräuse-lungen des Fadens bei der Ver-aschung erhalten bleiben und eine ausreichende Federkraft besitzen. Der Faden schrumpft bei der Veraschung auf die knappe Hälfte seiner Länge zusammen, übrigens geben die ver-schiedenen Fabrikate Fäden von recht verschiedener Festigkeit.

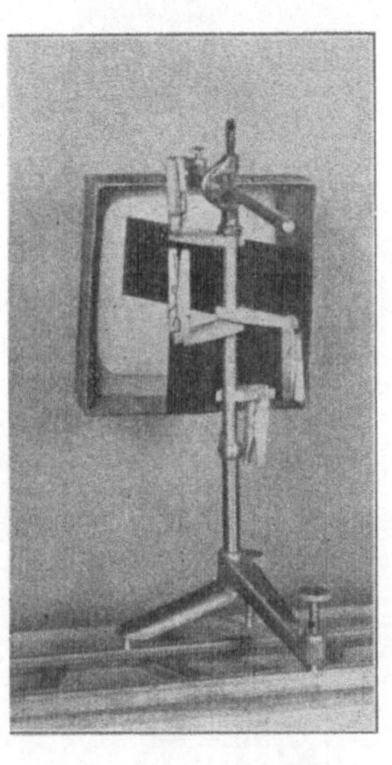

Fig. 74.

Photometrische Versuche können ihrer Natur nach in der Vorlesung nur in recht roher Weise ausgeführt wer-den, man wird daher für den dazu erforderlichen Apparat nicht gern viel Geld ausgeben. Eine einfache und recht gut brauch-bare Vorrichtung, die auf der später zu beschreibenden optischen Bank zu benutzen ist, zeigt Fig. 74. Zwei Spiegel von 7 cm Breite und 20 cm Länge sind mit je 4 Kopierklammern an einem senkrechten Muffenstabe festgeklemmt. Sie bilden mit-einander einen rechten Winkel und werfen das Licht der links und rechts in nicht zu kleiner Entfernung aufgestellten Licht-quellen auf den den Hörern zugewandten Schirm aus ungeöltem Naturpauspapier mit rauher Oberfläche. Der Pauspapierschirm

4*

ist aus einer Pappschachtel gemacht, deren Boden in passender Weise ausgeschnitten ist. Der vorstehende, den Spiegeln zugewandte Rand dient zur Fernhaltung störenden Nebenlichtes und wird am besten mit mattschwarzem Seidenpapier überzogen. Eine durch den Rand gesteckte Blendenmuffe dient zur Befestigung des Schirmes. Die richtige Einstellung der Spiegel findet man bei abgenommenem Schirm, es müssen dann beide Lichtquellen übereinander erscheinen.

Fig. 75.

Fig. 75 zeigt einen parabolischen Hohlspiegel aus Neusilber, der sich bei vorzüglicher Wirkung durch sehr mäßigen Preis auszeichnet. Er kommt besonders für die Wärmestrahlungsversuche in Betracht, für optische Versuche ist seine Genauigkeit doch nicht ausreichend, wenigstens wenn es sich um vergrößerte Bilder handelt. Ich habe diese Spiegel über den Scheitel halbieren lassen, damit den Hörern nicht durch die ihnen zugewandte Spiegelhälfte der Brennpunkt verdeckt ist. Den hierdurch bedingten Verlust bringe ich damit so ziemlich wieder ein, daß ich als zweiten Spiegel einen solchen von geringerer Brennweite benutze, der die Strahlen auf einen engeren Fleck sammelt. Mit Spiegeln von 30 cm Brennweite in 6 m Abstand voneinander läßt sich bei sorgfältiger Aufstellung und bei Benutzung einer Bogenlampe von 10 Amp. Papier leicht zur hellen Flamme entzünden. Die größeren Spiegel sind auch für akustische Versuche gut brauchbar.

Für die Herleitung und Veranschaulichung des Brechungsgesetzes läßt sich ein sehr anschaulicher Apparat nach Art des Newtonschen zusammensetzen (Fig. 76). An einem schweren Stativ wird der Stiel einer Konusachse festgeklemmt, so daß der Konus seitwärts vom Stativstabe horizontal liegt. Durch seine Bohrung steckt man den ziemlich langen Stiel eines

kleinen Tischchens, auf den noch ein zweiter Konus und am
Ende eine Rohrmuffe mit langem Stabe geschoben werden.
Das eine Ende dieses dient als Träger für eine Glühlampe
mit geradem Faden und eine Linse, der andere als Gegengewicht und zugleich als Halter für ein vor dem ganzen

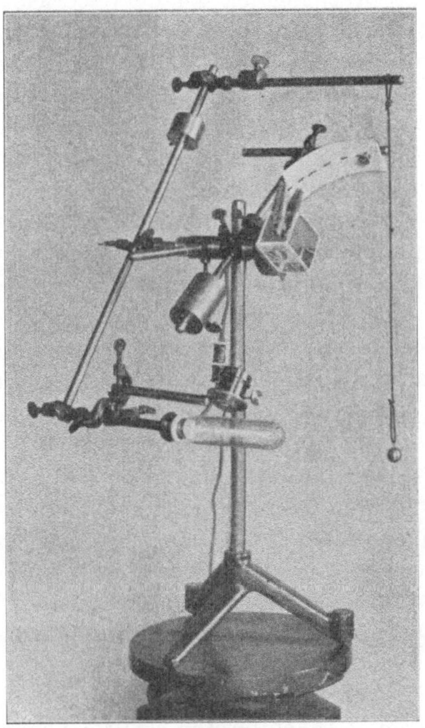

Fig. 76.

Apparat spielendes Fadenlot. Auf dem Tischchen wird mit
zwei Kopierklammern ein aus Spiegelglasplatten zusammen-
gesetzter Glastrog festgeklemmt, der im folgenden noch als
äußeres Gefäß eines sehr wirksamen Flüssigkeitsprismas genannt
werden wird. Der zweite Konus trägt mit Hilfe einiger Stäbe
und Muffen in geneigter Stellung eine weiße Pappscheibe, deren

Mittelstrich durch eine Reihe kräftiger Punkte angedeutet ist. Der Glaskasten wird mit Wasser fast bis zur Hälfte gefüllt, die Oberfläche des Wassers, das leicht mit Fluoresceïn gefärbt sein kann, soll sich in der Drehungsachse befinden. Dreht man den die Lampe tragenden Arm, so fällt das Licht immer normal in den die Drehung mitmachenden Glastrog ein, und es erleidet eine Brechung nur an der Oberfläche des Wassers beim Austritt aus diesem. Durch Drehen des andern Konus kann man nun den Mittelstrich des Pappschirmes auf den austretenden Lichtstrahl einstellen. Der wagerechte, den Pappschirm tragende Arm hat einen gewissen Abstand von der Drehungsachse, das Fadenlot spielt genau vor seinem Ende, wenn es in einer n-fach größeren Entfernung von der Drehungsachse aufgehängt ist, wobei n den Brechungsindex des Wassers oder der statt dessen benutzten Flüssigkeit bedeutet. Es eignen sich für den Versuch Flüssigkeiten von geringer Farbenzerstreuung, also außer Wasser z. B. Alkohol und das noch stärker brechende Glyzerin. Bei angemessener Füllung des Kästchens kann die Brechung bis zum streifenden Austritt verfolgt und die Totalreflexion sehr gut gezeigt werden.

Von den Linseneigenschaften besprechen viele Lehrer nur die Brennweite und die Farbenabweichung. Bei der heutigen Verbreitung der Photographie genügt das durchaus nicht mehr, zumal da die Versuche leicht anzustellen sind. Als Lichtquelle ist am geeignetsten der kleine Krater einer schwachen Bogenlampe, man vermindere also durch geeignete Widerstände die Stromstärke auf 4 bis 10 Amp. Die sphärische Abweichung läßt sich gut mit der Linse von 30 cm Brennweite zeigen, indem man mit ihr den Krater auf einem 4 m entfernten Schirm vergrößert abbildet. Das Bild wird bedeutend schärfer, wenn die ebene Seite der Linse der Lampe zugewandt ist als bei umgekehrter Stellung. Die Größe der sphärischen

Fig. 77.

Abweichung ergibt sich, wenn man vor die Linse Blenden bringt, die entweder nur den Rand oder nur die Mitte frei lassen (eine solche Blende liegt in Abbildung 79 neben der opt. Bank), und nun die Verschiebung mißt, die beim Wechsel dieser Blenden zur Scharfeinstellung des Bildes nötig ist. Die Befestigung dieser sowie beliebiger aus Pappe geschnittener Blenden geschieht mit einer Blendenmuffe (Fig. 77), die auf den oberen Stab der Linse gesteckt werden kann.

Die Farbenabweichung kann mit derselben Linse gezeigt werden, wenn man als Lichtquelle den Faden einer Glühlampe benutzt. Außerordentlich viel glänzender werden aber die Farbenränder, wenn man eine mit zimtsaurem Äthyl gefüllte plankonvexe Hohllinse anwendet. Die ebene Seite der Linse ist der Lampe zuzuwenden.

Der Astigmatismus (räumliche „Unpünktlichkeit") und die Bildfeldwölbung zeigt man am besten mit der Linse von 60 cm Brennweite und der Bogenlampe, indem man die ebene Seite der Lampe zuwendet. Man kann auf das Rohrstativ einen Teilkreis setzen (Fig. 76), wenn man die Klemmschraube ganz entfernt, und auf den Schaft der Linse einen Index setzen, der zugleich ein Hineinrutschen des Schaftes in das Rohr verhindert und die Neigung des Strahlenbüschels gegen die optische Achse ablesen lässt. Auf dem 4 m entfernten Schirm zeigen sich die beiden astigmatischen Striche, d. h. je nach der Einstellung der eine oder der andere, sehr deutlich und mit wachsender Grösse und Abstand von

Fig. 78.

einander, wenn die Neigung der Linse zunimmt. Setzt man dicht vor die Kohlen einen Schirm mit kleiner Öffnung, so gelingt es bei geeigneter Neigung der Linse und Abstand des Schirmes, auch zwischen den Strichen das astigmatische Kreuz deutlich zu erhalten. Notiert man den Stand der Linse für beide astigmatischen Striche und für verschiedene Neigungen der Linse, so ergibt sich eine Übersicht über die Bildfeldwölbung, es ist dies eine besonders für die Übungen geeignete Messung, die sich dann auch mit einer schwächeren Lichtquelle ausführen läßt.

Stellt man bei der gleichen Anordnung wie im vorigen Versuche die Linse umgekehrt, mit der Wölbung der Lampe zugewandt, auf, so tritt zu dem Astigmatismus noch die sphärische Abweichung und die damit verwandte Asymmetrie der schiefen Büschel, die Koma. Bewegt man nun vor der Linse eine Blende von etwa 3 cm Durchmesser, so sieht man das Bild auf dem Schirm sich stark verändern, es besteht also im Gegen-

Fig. 79.

satz zu der Abbildung mit geraden Büscheln eine Beziehung zwischen den Teilen der Linse und Teilen des, allerdings verzerrten, Bildes. Hiermit hängt es zusammen, daß man imstande ist, durch geeignete Stellung der Blende die Koma, übrigens auch die Bildfeldkrümmung, bis zu einem gewissen Grade zu beeinflussen. Bei symmetrischen Objektiven haben die beiden Hälften entgegengesetzte nahezu gleiche Koma, das ganze Objektiv ist daher praktisch frei davon.

Um die Verzeichnung zu zeigen, eignet sich am besten die Krümmung des Bildes einer Geraden am Bildrande. Lichtquelle hierfür sind zwei parallel gestellte Glühlampen für 110 Volt mit gespannten Fäden in 10 cm Abstand voneinander. Sie werden abgebildet mit Hilfe der Linse von 60 cm Brennweite, an der nach Angabe der Figur 77 eine Blende von 3 cm Durchmesser in 25 cm Entfernung von der gewölbten Fläche der Linse befestigt ist. Wendet man die Blende den Lampen zu, so erscheinen auf dem 4 m entfernten Schirm die Bilder der Fäden nach außen gekrümmt (Fig. 79), dreht man aber Linse nebst Blende um, so sind die Bilder einwärts gekrümmt. Die Verzeichnung ist geringer, wenn die ebene Linsenfläche der Blende zugewandt ist, und auch, wenn man die Blende der Linse näher rückt. Diese beiden Mittel werden auch in der Praxis zur Verminderung der Verzeichnung von Landschaftslinsen angewandt, praktisch verzeichnungsfrei sind die symmetrischen Doppelobjektive, da sie aus zwei Teilen von entgegengesetzter und nahezu gleicher Verzeichnung bestehen.

Fig. 80.

Der Abstand der Blende von der Linse zusammen mit dem Durchmesser dieser bestimmt auch die Bildfeldgröße und den Bildwinkel, was sich mit dem eben beschriebenen Aufbau zeigen lässt, wenn man für jeden Blendenabstand durch Verschieben der Lampen quer zur Bank den Rand des Bildfeldes aufsucht. Wenn man Zeit genug dafür hat, kann man hierbei auch den Einfluß des Blendenabstandes auf die Bildfeldkrümmung zeigen.

Den Begriff der Tiefenschärfe erläutert man nach Fig. 80 mit zwei Glühlampen, die unabhängig voneinander gegen die

Linse von 60 cm Brennweite auf der Bank verschoben werden
können. Als Blende dient am bequemsten eine Irisblende.
Eine Verschiebung der Blende gegen die Linse zeigt, daß nur
der Blendendurchmesser, gemessen an der Brennweite als Einheit, die Tiefenschärfe bestimmt. Die beiden Lampen werden
in irgend welchen Richtungen gegen einander geneigt, damit
ihre Bilder nicht zusammenfallen. Verfügt man über Lampen
mit langem Faden, so genügt es auch, eine einzige solche
Lampe sehr schräg gegen die Linse hin geneigt aufzustellen.

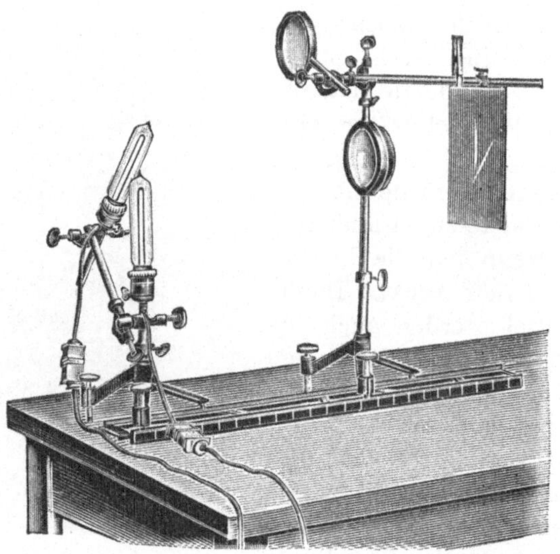

Fig. 81.

Man zeigt dann, daß bei großer Linsenöffnung nur ein ganz
kurzer Teil des Fadens scharf abgebildet wird, bei stark ab-
geblendeter Linse aber ein sehr viel längerer.

Die Beugungsunschärfe wird bei photographischen Objektiven nur unter ungewöhnlichen Umständen bemerkbar,
ihre Demonstration soll daher erst beim Fernrohr besprochen
werden.

Ein Modell des Auges zeigt Fig. 81, es besteht aus der
von einem Rohrstativ getragenen Plankonvexlinse von 15 cm
Brennweite, auf deren oberen Stiel mit einer Rohrmuffe ein

Stab von 50 cm Länge aufgesetzt ist. Sein kurz vorstehendes Ende dient zum Aufsetzen der Brillen mit Hilfe einer Rohrmuffe, sein langes Ende trägt den als Netzhaut dienenden weißen Pappschirm an einer Blendenmuffe, die durch dessen umgeknickten Rand gesteckt ist. Zwei auf den Stab gesetzte Kopierklammern begrenzen die Verschiebbarkeit der Netzhaut nach vorn und hinten und geben damit die Akkomodationsbreite an. Als Objekt dient die schon erwähnte, aus Glühlampen zusammengesetzte arabische Eins. Die Krümmung der Linse sei der Netzhaut zugewandt.

Eine Schwierigkeit besteht bei diesem und den folgenden Versuchen darin, daß die günstigste Blickrichtung für das Betrachten des Apparates und des Netzhautbildes senkrecht zueinander liegen, es wird daher nicht möglich sein, allen Schülern einen günstigen Anblick des Netzhautbildes zu gewähren. Man kann sich einigermaßen helfen, wenn man den Netzhautschirm aus Pausepapier macht und durch einen dahinter gehaltenen, langsam gedrehten Spiegel wenigstens die mittelbare Betrachtung des Bildes allen Schülern ermöglicht.

Die Kurzsichtigkeit und Übersichtigkeit wird durch Verschiebung der beiden Klammern, die Alterssichtigkeit durch Verminderung ihres gegenseitigen Abstandes erläutert. Als Brillen dienen die beiden Linsen von 60 cm Brennweite, als Lupen die beiden stärkeren von 30 und 15 cm Brennweite. Eine Bank von 1,5 bis 2 m Länge genügt für diese Versuche.

Das Galileische Fernrohr wird wohl am anschaulichsten gemeinsam mit der Starbrille behandelt. Wie dem staroperierten Auge die (teilweise) verlorene brechende Kraft durch eine von der Netzhaut entferntere und darum größer zeichnende Linse ersetzt wird, so wird durch das Okular des Galileischen Fernrohres die brechende Kraft des Auges (teilweise) aufgehoben, und die von der Netzhaut bedeutend weiter entfernte Objektivlinse entwirft ein größeres Bild auf der Netzhaut, als dem normalen Auge zukommen würde. Diese Auffassung bleibt leicht im Gedächtnis haften und hat außerdem den Vorzug, beim Vergleich mit den auf der vorigen Seite beschriebenen Versuchen darauf hinzuweisen, daß die Objektivfassung als Gesichtsfeldblende aufzufassen ist und nicht, wie es fast alle Lehrbücher in einer nur für ganz ungewöhnlich starke Vergrößerungen zutreffenden Weise darstellen, als Aperturblende. Näheres hierüber und über eine von ärztlicher Seite stammende, ganz ähnliche Vergleichung von Starbrille und Galileischem Fernrohr gibt Czapski in seiner Theorie der optischen Instrumente. Der Versuch über das Galileische Fernrohr wird nach Fig. 82 angestellt, indem man zuerst das Auge auf die Lichtquelle scharf einstellt, dann, wie vorhin die Brillen, nun das kleine Konkavglas vorsetzt und endlich in passendem

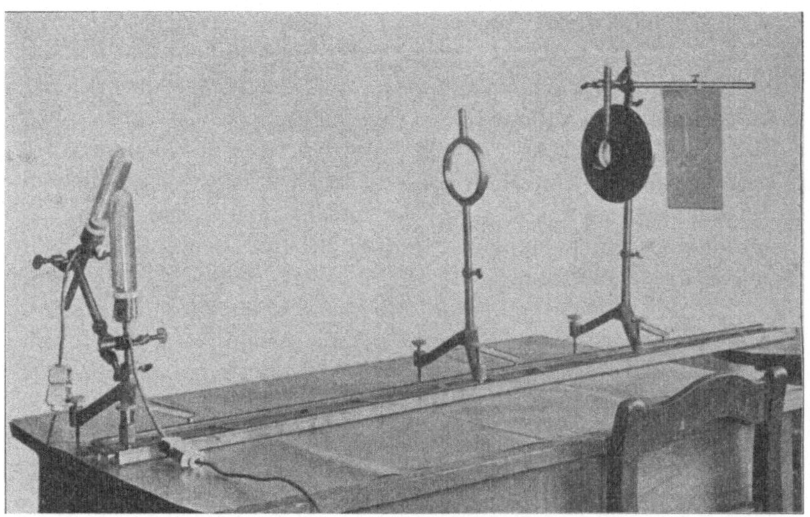

Fig. 82.

Abstand auf eigenem Fuß die Linse von 30 cm Brennweite aufstellt.

Im Projektionsapparat wird das vergrößerte Bild verwandt, das eine Konvexlinse erzeugen kann; die Vergrößerung ergibt sich als das Verhältnis der Abstände des Bildes und des Objektes von der Linse, was an der optischen Bank in leicht ersichtlicher Weise zu zeigen ist. Da die Objekte gewöhnlich nicht selbstleuchtend sind, ist eine Beleuchtungseinrichtung nötig, die meistens nicht in ausreichender Weise erklärt wird. Wenig förderlich für die richtige Auffassung des Sachverhaltes ist es, wenn hierbei von Strahlen gesprochen wird; die Lichtkegel sind es, auf die hier alles ankommt, und die Wirkung aller Beleuchtungslinsen kann nur darin bestehen, die Lichtkegel zu erweitern und zugleich zu verkürzen oder zu verengen und gleichzeitig zu verlängern. Aus den Spitzen der Lichtkegel setzt sich das Bild der Lichtquelle zusammen, dessen Größe von der Länge der Lichtkegel abhängt. Auf die Fläche dieses Bildes verteilt sich alles von den Beleuchtungslinsen aufgefangene und nicht durch Spiegelung oder Absorption verloren gegangene Licht. Ein intensives Lichtbündel ist also nur bei starker Konvergenz und einigermaßen paralleles Licht, d. h. sehr enge Kegel, nur in mäßiger Lichtintensität zu erhalten. Es hat daher, obwohl es oft gemacht wird, gar keinen Nutzen, bei der Beleuchtung eines Spaltes das Licht so sehr zu konzentrieren, daß die nachfolgende Linse den weiten Lichtkegel gar nicht aufzufangen vermag. Um die Sache durch Versuche zu erläutern, baue man einen Projektionsapparat aus der Lichtquelle, einer Linse von 15 cm Brennweite als Beleuchtungslinse und der Linse von 60 cm Brennweite als Objektiv auf und einen zweiten mit doppelter Beleuchtungslinse und gewöhnlichem Projektionsobjektiv von 12 bis 15 cm Brennweite (Fig. 87 und 89 auf Seite 73 u. 75). Im allgemeinen ist bei allen diesen Zusammenstellungen von Linsen die Aufstellung die bessere, bei der auf der weniger gekrümmten Seite der Linse der kürzere Lichtkegel liegt, da sich dann die Brechung am gleichmäßigsten auf beide Linsenflächen verteilt, doch ist es zuweilen, z. B. oben, im Modell des Auges auch anders. Eine gleichmäßige Beleuchtung ergibt sich nur, wenn das Bild der Lichtquelle ungefähr mit der Objektivlinse zusammenfällt. Die wirksamste Beleuchtungslinse ist jedesmal die, die ein die Objektivlinse gerade ausfüllendes Bild von der Lichtquelle entwirft.

Beim astronomischen Fernrohr und beim Mikroskop ist es am anschaulichsten, das Okular als einen Teil oder eine Ergänzung des Auges anzusehen. Man erhält dann das einfache, leicht im Gedächtnis zu behaltende Schema, in das sich der photographische Apparat als Nachahmung des Auges einreiht:

Beim Auge wird das verkleinerte Bild aufgefangen.

Beim Projektionsapparat wird das vergrößerte Bild aufgefangen.

Bei dem Fernrohr wird das verkleinerte Bild mit der Lupe besehen.

Bei dem Mikroskop wird das vergrößerte Bild mit der Lupe besehen.

Bei dem bildaufrichtenden Fernrohr wird das verkleinerte Bild mit einem schwachen Mikroskop besehen.

Der Aufbau des astronomischen Fernrohres und des Mikroskopes auf der optischen Bank ist derselbe wie der des Galileischen Fernrohres, nur daß an die Stelle der Konkavlinse eine Konvexlinse von 15 cm Brennweite tritt, und der Abstand des Objektives ein anderer wird. Man versäume nicht, die Objektivität des Bildes durch Auffangen auf einem Blatt Papier nachzuweisen.

Bei Fernrohr und Mikroskop ist die Unschärfe durch Beugung von größter Bedeutung. Soll ihr Nachweis für eine größere Zuhörerschaft objektiv gemacht werden, so ist fast nur Sonnenlicht ausreichend. Als Objekt für diesen Versuch kann sehr vorteilhaft ein Kreuzschnitt oder ein Netz von Kreuzschnitten in einer geschwärzten Trockenplatte dienen, diese Zeichnung ist mit einem Messer leicht einzuschneiden, und die Gelatine verträgt, wenn sie vorher gut ausgetrocknet war, eine recht bedeutende Hitze, immerhin mache man sich gleich mehrere solche Stücke zurecht, damit man Ersatz hat, wenn eins durch Zerspringen des Glases oder Aufblähen der Gelatine unbrauchbar wird. Der Plan des Versuches ist, den Kreuzschnitt stark zu beleuchten und mit einer Linse auf dem Projektionsschirme abzubilden, dann die Linse mit zwei Schirmen zu einem schmalen Streifen parallel einem der Schnitte abzublenden. Es muß dann das Bild dieses Schnittes durch Beugung unscharf werden, während das andere, das zum Vergleich dient, zwar dunkler wird, aber seine Schärfe behält. Die Auswahl der Linse und die Art der Beleuchtung bedarf einiger Ueberlegung. Damit die Erscheinung deutlich werde, ist es erforderlich, daß der Beugungsrand dem Bilde des Kreuzschnittes an Breite mindestens gleich sei. Die Breite des Beugungsrandes wächst mit dem Abstande des Schirmes und mit der Verengung der spaltförmigen Blende, bei bestimmtem Schirmabstand wird die Bildbreite verkleinert durch Vergrößerung der Brennweite und Verengung des Kreuzschnittes. Wählt man bei derselben Brennweite einen größeren Objektivdurchmesser, so wird, ausreichende Beleuchtungskegel vorausgesetzt, dadurch die Helligkeit erhöht, weil ein längeres Stück der Spaltblende ausgenutzt wird. Setzt man bei verschiedener Brennweite gleichen Schirmabstand, gleiche Bildbreite und gleichen Objektivdurchmesser voraus, so bedeutet die n-fache Brennweite Herabsetzung der Weite der Beleuchtungskegel auf etwa den n-ten Teil, es ist aber zugleich die Breite des Kreuzspaltes auf das n-fache zu vermehren, so daß also die Helligkeit nicht von der Brennweite abhängt. Man wird vielleicht einwenden, daß bei dieser Ueberlegung gleiche Beleuchtungsintensität im Kreuzspalt vorausgesetzt sei, daß aber in Wirklichkeit bei kurzbrennweitiger Linse, also bei stärkerer Vergrößerung, man nur ein kürzeres Stück der Kreuzspalte zu beleuchten habe und deshalb das Licht enger darauf sammeln könne als bei langbrennweitiger Linse. Darauf ist zu sagen, daß die obige Betrachtung hierauf sehr wohl Rücksicht nimmt, wenn auch in anderer Ausdrucksweise. Sie setzt nämlich überall vollständige Ausnutzung der Beleuchtungskegel voraus. Sehen wir für den Augenblick von dieser Forderung ab, so ergibt sich folgendes. Beleuchtet man einmal mit Lichtkegeln, die gerade von der Linse aufgefangen werden können, und dann bei Anwendung derselben Linse mit bedeutend weiteren Kegeln, also indem man dieselbe Lichtmenge auf einen viel kleineren Querschnitt zusammenzieht, so nutzt die Linse doch nur wieder denselben Kegel aus, und das stärker konvergente Licht ist vergeblich gesammelt, vergeudet; das Bild auf dem Schirm wird nicht heller wie zuvor, nur enger begrenzt, denn das jetzt vergeudete Licht wurde vorher zur Beleuchtung weiterer Gebiete benutzt. Daraus ergibt sich, wenn immer mit gerade ausreichenden Kegeln beleuchtet wird, so erreicht man dieselbe Helligkeit, als wenn die Linsen ihre Lichtkegel stets aus demselben unbegrenzt grossen Lichtkegel von der Helligkeit der angewandten Lampe auswählen; diese Vorstellung, als die zur Rechnung bequemste, ist vorhin angewandt. Natürlich gilt der angeführte Satz nur näherungsweise, denn einmal gilt die eingeführte Proportionalität zwischen Stärke der Linse und Weite des Lichtkegels nur für kleine Winkel, sodann strahlen viele Lichtquellen von vorn herein nach verschiedenen Richtungen verschieden stark, so daß die Lichtkegel dadurch von vorn herein verschiedenwertig sind, endlich bedingt die mehr oder weniger starke Konzentration die Anwendung von mehr oder weniger und von verschieden dicken Linsen, wodurch die Lichtverluste infolge der Spiegelung und Absorption in jedem Falle andere werden.

Wenn wir nun für den Kreuzschnitt die günstigste Beleuchtung schaffen wollen, so stellt sich die Sache für Sonnenlicht folgendermaßen. Die Lichtkegel haben ursprünglich zwischen Achse und Mantel $1/4^0$, die Sonne erscheint ebensogroß wie eine Scheibe von 1 m Durchmesser in etwa 120 m Abstand. Beleuchtet man den Kreuzspalt mit Hilfe der Linse von 60 cm Brennweite und 10 cm Durchmesser, so ergibt sich demnach ein Sonnenbildchen von 1/2 cm Durchmesser, welches die Größe des beleuchteten Feldes darstellt. Die Weite der hier wirksamen Beleuchtungskegel ergibt sich aus dem Radius und der Brennweite der Linse zu 1/12, der Bogen zu diesem Tangens ist etwa 5^0, in dem photographischen Maß, Durchmesser zu Brennweite, ergibt sich f/6. Nun ist aber die Linse nur zu dem mittelsten Beleuchtungskegel zentriert; um also einen Verlust bei den vom Rande des Gesichtsfeldes kommenden Kegeln zu vermeiden, müssen wir die Öffnung der Linse noch etwas größer wählen, es ist demnach ein Petzvalsches Porträtobjektiv, z. B. das gewöhnliche Projektionsobjektiv, am Platze. Ich bin überzeugt, daß ohne diese Überlegung die meisten Experimentatoren bei diesem Versuch mit viel stärker konvergentem Licht beleuchtet hätten. Zu erwähnen ist noch, daß es bei diesem Versuch unbedingt nötig ist, das Bild der Lichtquelle genau in die Ebene des Kreuzschnittes zu legen, im andern Falle würde nämlich der vor die Linse gestellte Beugungsspalt nicht als reine Aperturblende, sondern zugleich als Gesichtsfeldblende wirken und das zum Vergleich dienende Bild des Querschnittes auslöschen.

Sehr viel ungünstiger werden die Verhältnisse, wenn man zu diesem Versuch Bogenlicht anwendet, denn im gleichen Lichtkegel gibt dies etwa $^1/_{15}$ von der Helligkeit des Sonnenlichtes.

Die erwähnte Notwendigkeit, ein scharfes Bild der Lichtquelle in der Ebene des Kreuzschnittes zu entwerfen, zwingt dazu, als Beleuchtungslinse ein gut korrigiertes Glas zu nehmen. Das lichtstärkste, das Kinematographenobjektiv kann man nicht anwenden, weil seine verkitteten Linsen eine solche Annäherung an die Bogenlampe nicht vertragen; man nimmt also das Petzvalobjektiv und entwirft damit ein schwach vergrößertes Bild des Kraters auf den Kreuzspalt, als Linse zur Abbildung des Kreuzspaltes eignet sich dann ein Fernrohrobjektiv, dessen Durchmesser etwa $^1/_{10}$ der Brennweite beträgt. Den Kreuzspalt wird man am bequemsten statt des Okulares am Fernrohr befestigen, es dient dann die Triebschraube gleich zum Einstellen. Die Erscheinung wird so recht deutlich, wenn man die Schüler kann an den Schirm treten lassen, jedoch nicht hell genug für die Betrachtung aus größerer Entfernung. Schwächere Lichtquellen sind für den Versuch überhaupt nicht brauchbar, denn im Lichtkegel von demselben Winkel gibt Nernstlicht nur $^1/_{40}$, Kohlefadenglühlicht $^1/_{160}$, Gasglühlicht $^1/_{1400}$ von der Lichtmenge des Bogenlichtes, Acetylen und Petroleum noch weniger. Beim Gasglühlicht wird der Wert durch die Maschen des Glühkörpers herabgedrückt, eine geschlossene Fläche von derselben Temperatur würde etwa 2—3 mal so viel geben, Preßgaslicht steht ungefähr mit dem elektrischen Glühlicht gleich. Subjektiv kann man die Beugungsunschärfe leicht mit dem Fernrohr an dem abnehmenden Auflösungsvermögen erkennen, wenn man das Objektiv mehr und mehr abblendet, doch kann man keinen Operngucker dazu verwenden, weil bei diesem das Objektiv, wie schon erwähnt, nicht Aperturblende ist, wenigstens es erst bei sehr starker Abblendung wird.

Bei der Beleuchtung eines Spaltes für Beugungsversuche und Spektra gelten dieselben Überlegungen bezüglich der Helligkeit, wie sie oben angestellt wurden, d. h. gleiche Breite des Spaltbildes auf dem Schirm, also gleiche Reinheit der Spektren vorausgesetzt, ist für die Helligkeit der Bilder nur der Objektivdurchmesser, nicht die Brennweite von Bedeutung. Es wird oft empfohlen, das Licht mit einer Zylinderlinse auf den Spalt zu vereinigen; vergegenwärtigt man sich die Beleuchtungskegel, etwa durch Zeichnung, so erkennt man leicht, daß mit sphärischen Linsen stets eine bessere Beleuchtung zu erhalten ist. Eine Zylinderlinse kann nur dann Nutzen bringen, wenn der Spalt in einer solchen Länge beleuchtet werden muß, wie es mit sphärischen Linsen nur mit zu engen Kegeln möglich ist, doch tritt dieser Fall wohl nur höchst selten ein, parallel zum Spalt bleibt natürlich dabei die Kegelöffnung gering, so daß die höchste mögliche Helligkeit nicht erreicht wird. Da ein enger Spalt alle Fehler der Spaltränder durch sehr störende Längsstreifen ins Spektrum zeichnet, wird man im allgemeinen lange Brennweiten

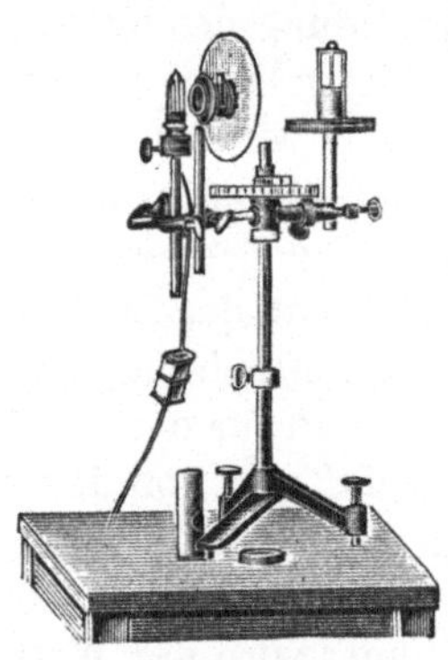

Fig. 83.

und weite Spalte vorziehen. Anders ist die Sache, wenn als Lichtquelle etwa der Faden einer Glühlampe dient, man wählt hier die kürzeste Brennweite, bei der das Bild auf dem Schirm noch schmal genug ist. Fig. 83 zeigt einen kleinen Spektralapparat für objektive Spektra, als Lichtquelle dient eine Glühlampe mit gespanntem Kohlefaden für 6—8 Volt und als Linse ein Kinematographenobjektiv. Bei ausgedehnteren Lichtquellen hat man keine Beleuchtungslinsen nötig, diese würden im Gegenteil nutzlos Licht verschlucken und durch Spiegelung verstreuen, der Spalt wird einfach nahe genug vor die Lichtquelle gestellt.

Für die Projektion eines Spektrums mit Sonnenlicht oder Bogenlicht wird man nach dem Angeführten am vorteilhaftesten so verfahren, daß man geradezu das Spaltrohr eines Spektralapparates verwendet und den Spalt mit einer Linse beleuchtet.

Fig. 84.

Für Sonnenlicht wird das die Linse von 60 cm Brennweite sein, für Bogenlicht eine Linse von 15 cm Brennweite und 10 cm Durchmesser, mit der man ein 3-fach vergrößertes Bild des Kraters auf den Spalt wirft. Als Prisma kann am besten ein mit Zimtäthyläther gefülltes Hohlprisma, das aus Spiegelglasplatten in der Muffel mit Feuerkitt zusammengeschmolzen ist, dienen. Diese Prismen sind meist ganz vorzüglich, sind billig und können dauernd gefüllt bleiben. Wesentlich größere Dispersion bei geringerer Strahlenablenkung erhält man mit der folgenden Nachahmung des Wernickeschen Prismas, die sich durch geringen

Preis, vorzügliche Wirkung und vielseitige Verwendbarkeit der Teile auszeichnet (Fig. 84). Ein rechtwinkliges verschmolzenes Hohlprisma voll Zimtäthyläther steht in einem offenen, aus Spiegelglas zusammengeschmolzenen Kasten. Dieser wird mit Wasser, Alkohol oder Glyzerin gefüllt, die alle drei nur geringe Farbenzerstreuung haben, bei Glyzerin wird die Ablenkung am geringsten, aber Alkohol und Wasser sind bequemer im Gebrauch. Das Prisma kann außerdem als 45-grädiges Prisma im Troge und außerhalb desselben benutzt werden sowie auch als totalreflektierendes und als Umkehrprisma.

Zur Umkehrung der Natriumlinie wird dicht vor den Spalt ein Bunsenbrenner gesetzt mit einem Mantel, der dem Spalte zugewandt einen Schlitz von einigen mm Breite und 1 cm Länge und auf der gegenüberliegenden Seite einen beträchtlich größeren hat (Fig. 85). Durch letzteren wird bei dem Versuche mit einem am Ende spiralig zu einer kleinen Pfanne gerollten Drahte etwas Bromnatrium oder metallisches Natrium in die Flamme gebracht. Dient bei diesem Versuche die Kohlenfadenglühlampe als Lichtquelle, so entwirft man von dem Faden mit dem Kinematographenobjektiv ein mehrfach vergrößertes Bild auf den Spalt, der genau ausgerichtet und eine Kleinigkeit enger gestellt wird, als die Breite dieses Bildes beträgt. Der Versuch läßt sich auch mit diesen geringen Mitteln recht gut ausführen. Sehr gut ist es, die Natriumflamme nach Anleitung der Figur mit einer Konusachse beweglich zu machen.

Glänzende Beugungserscheinungen kann man mit einem gut beleuchteten Spalt und der Linse von 30 oder 60 cm Brennweite auf einem hinreichend weit entfernten Schirme entwerfen, indem man als Beugungsgitter Messingdrahtnetze benutzt, die man in verschiedener Feinheit in den Handlungen für chemische Apparate billig erhält. Sehr schöne „Mondhöfe" erhält man unter Benutzung eines kleinen Loches statt des Spaltes mit einer Glasplatte, die mit Bärlappsamen eingestäubt ist. Damit der Staub an der Platte haftet, reibt man sie am besten mit dem angefeuchteten und einmal über Seife geführten Finger ab, bis sie anscheinend wieder trocken ist, haucht sie leicht an und überschüttet sie sogleich dick mit Bärlappsamen, dann dreht man sie um und klopft sie ab. Legt man unter Zwischenfügung eines Papierrandes noch eine zweite unbestäubte Platte auf und verklebt die Ränder mit Papier, so bleibt die Platte jahrelang gut. Noch schöner werden die Mondhöfe, wenn man sie mit Wassertröpfchen erzeugt (Fig. 86). Der Apparat dazu besteht aus dem unteren Teil eines Wittschen Filtrierzylinders, dessen Rand man gut einfettet. Als

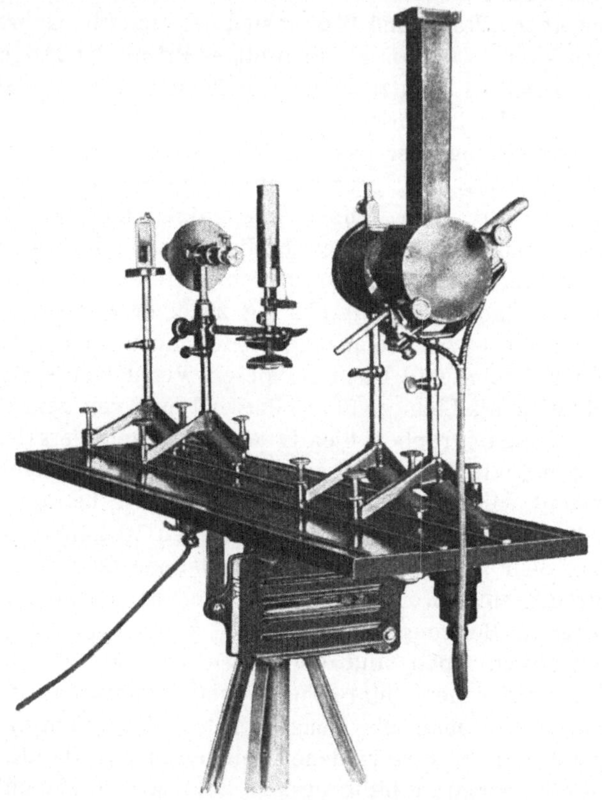

Fig. 85.

Verschluß dient eine Spiegelglasplatte, die an dem Rande des Zylinders mit photographischen Kopierklammern festgehalten wird. In den Zylinder legt man einen Spiegel von 6 cm Breite und 9 cm Länge, an den drei kleine Korke als Füßchen gesiegelt sind, außerdem befinden sich einige Gramm Wasser in dem Zylinder. Das Licht aus einem kleinen

Loche wird von der Linse von 60 cm Brennweite aufgefangen, hinter dieser zum größten Teil mit einem schmalen Spiegel abwärts geworfen auf den im Wittschen Zylinder liegenden Spiegel und von diesem wieder aufwärts an dem ersten vorbei an die Decke (Fig. 86). Die Linse wird so gestellt, daß das Bild des Loches an der Decke scharf erscheint, dann drückt

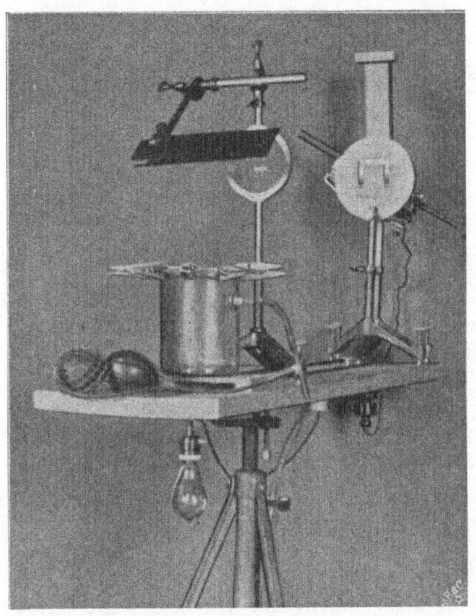

Fig. 86.

man mit einem kleinen Gebläse oder mit dem Mund Luft in den seitlichen Hals des Zylinders, wartet ein wenig, bis die Luft sich mit Feuchtigkeit gesättigt hat, und gibt nun die seitliche Öffnung frei. Die bei der Expansion entstehende Verdunstungskälte läßt Nebeltröpfchen ausfallen, an denen der Lichtstrahl gebeugt wird; an der Decke erscheinen die wundervollsten farbigen Mondhöfe, die meist bei mehrfacher Wiederholung des Versuches noch an Pracht zunehmen.

Fünfter Teil

Der Projektionsapparat und sein Platz im Hörsaal.

Die alte Zauberlaterne hat sich allmählich zu einem geschätzten und schon fast unentbehrlichen Hilfsmittel des Unterrichtes entwickelt. In dem Maße, als es gelang, ihr Licht zu verstärken und diese stärkeren Lichtquellen handlicher und billiger zu gestalten, hat ihre Wertschätzung zugenommen, hat aber auch der Kreis ihrer Aufgaben sich erweitert. Das hat dazu geführt, den Apparat in der verschiedenartigsten Weise umzugestalten, und neuerdings ist man besonders bestrebt gewesen, den Übergang von einer Projektionsart in die andere nach Möglichkeit zu vereinfachen. So sind denn umfangreiche Apparate mit allerhand Verwandlungseinrichtungen entstanden, die auch ihren Zweck recht gut erfüllen, wo es nur darauf ankommt, zwischen einer beschränkten Zahl von Projektionsweisen beständig wechseln zu können, eine Forderung, die besonders in den biologischen Wissenschaften oft gestellt werden muß. In diesen Fällen und auch da, wo es sich nur um die Vergrößerung von Glasbildern handelt, liegt nichts daran, daß die Hörer die Vorgänge in dem Apparat verfolgen können, der Apparat kann sogar ohne Schaden ihren Blicken entzogen sein. Ganz anders liegt die Sache, wenn der Projektionsapparat zur vergrößerten Darstellung physikalischer und chemischer Versuche dienen soll. Im ersten Falle wird nicht selten nur ein kleiner Teil der ganzen Versuchsanordnung als Lichtbild vergrößert gezeigt, und der größere Teil muß selbst betrachtet werden (z. B. Fig. 101), im zweiten Falle wollen und sollen die Hörer sehen, in welcher Weise der Experimentator die Reaktion in dem Apparat vorbereitet, einleitet und beeinflußt, denn es kann nicht jedes Niedrigerdrehen einer Gasflamme u. s. w. erwähnt und so beschrieben werden, daß ein kurzer Blick auf den Experimentator nicht noch mehr lehrte. Ein übersichtlicher, durchsichtiger Apparat ist hier die Hauptsache, und alle Verwandlungseinrichtungen, die fest mit ihm verbunden sind, sind hier vom Übel, und wenn sie noch so bequem und sinnreich wären. Dazu kommt, daß ein physikalischer Projektionsapparat unbeschränkte Verwandelbarkeit besitzen muß, denn man ist nie sicher, daß nicht der morgende Tag eine Art zu projizieren nötig macht, an die man heute noch nicht im geringsten gedacht hat, und für diesen Fall sind Raumbeschränkungen durch unbeteiligte Apparatenteile das Hinderlichste, was es geben kann. Man muß sich also die Freiheit sichern, stets improvisieren zu können, das aber gelingt am leichtesten, wenn auch die gewohnten Anwendungen sich so weit in den schmiegsamen Formen des Provisorischen halten, als es mit der sicheren und bequemen Benutzung verträglich ist, und nicht in festen, unabänderlichen Apparaten erstarren. Dieser Gedanke hat mich geleitet, als ich den Projektionsapparat gewissermaßen in seine Teile zerpflückte, um ihn für jeden Gebrauch wieder aus Leitschiene, Rohrstativen, Linsen und Lampe zusammenzusetzen. Was dabei an Übersichtlichkeit und Vielseitigkeit gewonnen ist, sollen die folgenden Blätter in Bild und Beschreibung zeigen.

Die Projektion von Glasbildern hat zu den Zeiten der schwachen Lichtquellen zu einer festen Form der Zauberlaterne geführt, die jetzt noch, unter dem tönenderen Namen Skioptikon, den Markt beherrscht, — Lampe, zwei Beleuchtungslinsen, Petzvalobjektiv. — Mit dem Auftreten der helleren Lichtquellen konnte man den Zuschauerraum vergrößern, zugleich aber wurde der Nachteil immer fühlbarer, daß der Apparat um seines kurzbrennweitigen Objektives willen dem Schirm ziemlich nahe stehen mußte und dadurch die besten Plätze des Zuschauerraumes unbrauchbar machte. Zwei Mittel gab es zur Abhilfe, einmal, die Leinewand zwischen Apparat und Zuschauer zu bringen, so daß die Bilder im durchgehenden Lichte gesehen werden. Dadurch werden an die Größe des

Zimmers, das etliche Meter hinter dem Vorhang noch die Laterne aufnehmen muß, sehr bedeutende Anforderungen gestellt, es geht viel Licht verloren, und die Leinewand muß mit Wasser getränkt werden, um sie etwas durchsichtiger zu machen und ihre Poren zu schließen. Der andere Weg ist, lange Brennweiten zu wählen und über die Köpfe der Zuschauer hinweg das Bild auf den Schirm zu werfen. Dies geht auch mit elektrischem Licht recht gut, mit ausgedehnteren Lichtquellen, z. B. Gasglühlicht, ergeben sich aber Nachteile gegenüber den kurzen Brennweiten, indem das Licht sich nicht ordentlich ausnutzen läßt. Zu einer etwas eingehenderen Betrachtung dieser Verhältnise nehmen wir als Vertreter der kleinen Lichtquellen das Bogenlicht, bei dem der Quadratzentimeter Kraterfläche ungefähr 10000 Normalkerzen hergeben wird, und als Vertreter der ausgedehnten Lichtquellen das Mita-Spirituslicht, wo ich den Quadratzentimeter der leuchtenden Fläche auf 60 Kerzen schätze.

Die Beleuchtungslinsen entwerfen von der Lichtquelle ein Bild in oder nahe bei dem Objektiv. Ist dieses größer, als daß die Linsen es ganz auffangen könnten, so geht das auf die Fassung fallende Licht einfach verloren, ist es aber kleiner, so hätte noch mehr Licht gesammelt werden, d. h. die Lichtquelle von den Beleuchtungslinsen stärker vergrößert werden können. Da der Abstand des Objektives durch seine Brennweite bestimmt ist, heißt das also: man hätte einen stärkeren, etwa dreilinsigen Kondensor wählen müssen, der näher an die Lichtquelle zu stellen ist, damit ihr Bild an die bezeichnete Stelle kommt. Durch diese Annäherung wird ein größerer Lichtkegel von der Lampe aufgefangen und, da das Bild der Lichtquelle noch in die Fassung hineingeht, auch ausgenutzt. Der Apparat beschränkt durch seine Konstruktion die nutzbare Größe des Bildes der Lichtquelle, von zwei verschiedenen gleichhellen Lichtquellen kann man also bei bester Lichtausnutzung mit demselben Objektiv nicht gleichhelle Projektionsbilder auf dem Vorhang erwarten, sondern die kleinere Lichtquelle ist weit überlegen. Wird eine neue Projektionslampe angeboten, so frage man also nicht nur nach der Kerzenzahl, die übrigens meist zu hoch geschätzt wird, sondern auch nach der Größe der leuchtenden Fläche.

Was im vorigen Absatz entwickelt ist, tritt besonders hervor bei langbrennweitigen Objektiven, es liefert aber auch die Unterlagen für eine Vergleichung langbrennweitiger und kurzbrennweitiger Objektive miteinander. Wir setzen voraus, die der Lichtquelle zunächst stehenden ein oder zwei Linsen, die das Licht nahezu parallel machen, bleiben unverändert stehen, und nur die letzte werde, der Brennweite des Objektives gemäß, ausgewechselt. In ihr liegt die zweite Hauptebene des

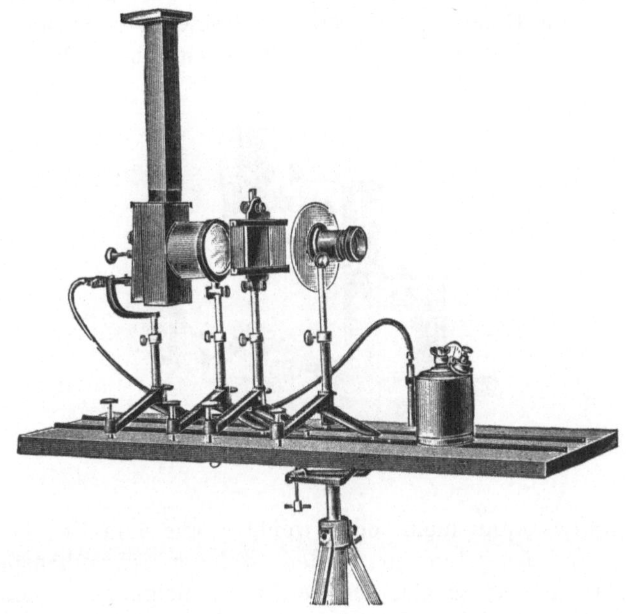

Fig. 87.

Beleuchtungssystemes, und dem Abstand von dieser, also ungefähr der Brennweite des Objektives, ist der Durchmesser des Bildes der Lichtquelle proportional. Will man also mit derselben Lichtquelle, aber verschiedenen Objektiven gleich hell und in gleicher Vergrößerung projizieren, so müssen die Objektive gleiche relative Öffnung haben, eine Tatsache, die oft bestritten wird.

Was die Wahl der Objektive angeht, so ist zu bedenken, daß die Hörer stets einige Meter von dem Schirm entfernt

bleiben und eine Unschärfe von einigen mm garnicht bemerken
können. Es hat also gar keinen Nutzen, kostbare Anastigmate
zu verwenden. Die billigen, besonders für Projektion gebauten
Petzvalobjektive, wenn sie nur mit einiger Sorgfalt gearbeitet
sind, reichen völlig aus, ja oft genügt sogar die einfache
Plankonvexlinse von 30 oder 60 cm Brennweite.

Fig. 87 zeigt den Aufbau eines Bildwerfers aus den Stücken
des physikalischen Baukastens. Die beiden Leitschienen sind
unmittelbar auf eine Tischplatte von 110 cm Länge geschraubt,
die mit einem Gelenk auf ein eisernes Gestell gesetzt ist, dessen
Gestalt noch deutlicher aus Fig. 89 hervorgeht. Der Schaft

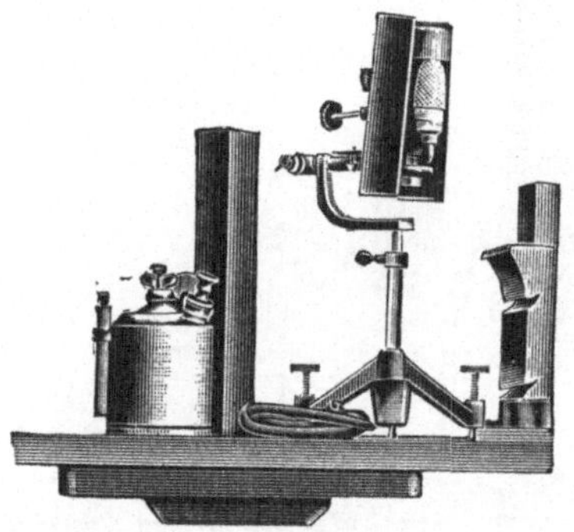

Fig. 88.

des Gelenkes kann mehr oder weniger aus dem Fuß heraus-
gezogen und festgeklemmt werden, mit der Schraubenspindel
kann man den Tisch ziemlich bedeutend neigen. Die Lampe
ist eine Mita-Spirituslampe in etwas veränderter Form und mit
angebautem Gehäuse, sie ist in Fig. 88 nochmals in zerlegtem
Zustande abgebildet. Sie wird durch einen Schlauch vom
Druckgefäß aus mit Spiritus gespeist, der in der Lampe mit
leichtem Zischen als Preßgas verbrannt wird und einen sehr
stark gewebten Glühstrumpf zu hellster Glut erhitzt. Vor der
Mitalampe steht eine Linse von 15 cm Brennweite, an deren
Stiel mit einer Blendenmuffe ein Rohrstutzen zur Fernhaltung
seitlichen Lichtes festgeklemmt ist. Eine zweite solche Linse
trägt mit zwei Blendenmuffen den Bildhalter. Im vierten Rohrstativ steckt das Petzvalobjektiv, über das eine Blendenscheibe

aus Pappe gesteckt ist, die natürlich auch mit einer Blendenmuffe hätte am Stiel befestigt werden können.

Bei der Projektion physikalischer und chemischer Versuche
ist es oft notwendig, immer wünschenswert, mit dem zu proji-

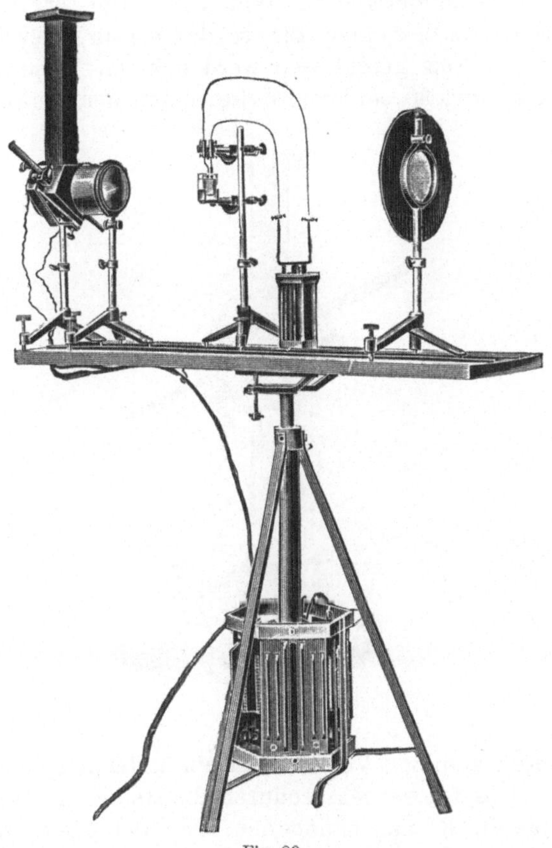

Fig. 89.

zierenden Apparat von den Beleuchtungslinsen weit entfernt
zu bleiben. Ein hinreichend großes Gesichtsfeld ist dabei nur
zu erhalten, wenn die Projektionslinse denselben Durchmesser
hat wie die Beleuchtungslinse. Die Anforderungen an die
Bildschärfe sind in diesen Fällen stets sehr gering, daher ge-
nügen die Plankonvexlinsen von 30 und 60 cm Brennweite

vollständig. Begnügt man sich mit geringer Vergrößerung, so
ist keine oder nur mäßige Verdunkelung des Zimmers nötig.
Fig. 89 zeigt einen solchen Aufbau für die Projektion des
Bleibaumes. Als Lichtquelle dient eine ins Gehäuse eingebaute
Bogenlampe für 10 Amp., die sich sehr gut bewährt hat und
in Fig. 90 abgebildet ist, ihr Widerstand (für 220 Volt) ist in
den Fuß des Tisches eingebaut, so daß sie an jeder beliebigen
Stelle an das Netz geschlossen werden kann. Eine Linse von
15 und eine von 30 cm Brennweite bilden den optischen Teil.

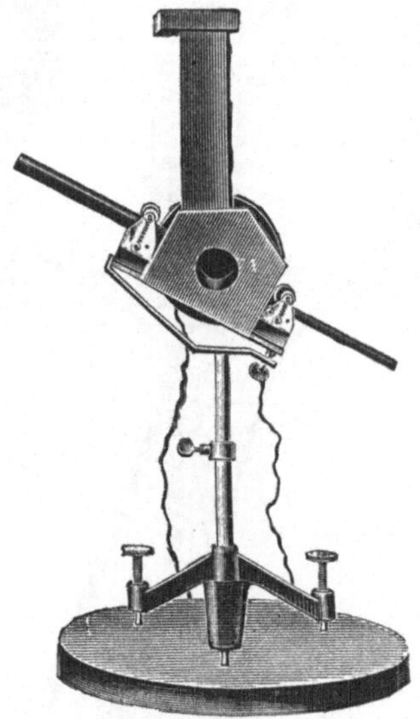

Fig. 90.

Der ersteren kann mit Vorteil noch ein in das Rohr eingebauter
Meniskus zugefügt werden, wodurch die Helligkeit verdreifacht
wird. Das die Klemmen und den Trog tragende Stativ ist von
der andern Seite auf die Gleitbahn gesetzt wie die übrigen,
eine Aufstellung, die in allen Fällen anzuwenden ist, wenn die
zu projizierenden Apparate von der Seite gehalten werden.
Die große Übersichtlichkeit des Apparates fällt besonders auf.

Im wesentlichen ganz dasselbe ist der Apparat für die
Projektion wagerecht liegender Objekte, z. B. der Kraftlinien-
bilder, nur daß ein zwischengesetzter Spiegel den Strahl nach

oben leitet, das Bild fängt man am besten an der Zimmerdecke auf, oder man befestigt wie in Fig. 91 an dem oberen Stiel der Linse noch einen Spiegel.

Das Kinematographenobjektiv zeichnet nur ein Feld von der Größe seiner Linsen aus, es wird daher am besten, wie Fig. 92 (am Beispiel der Überschmelzung von essigsaurem

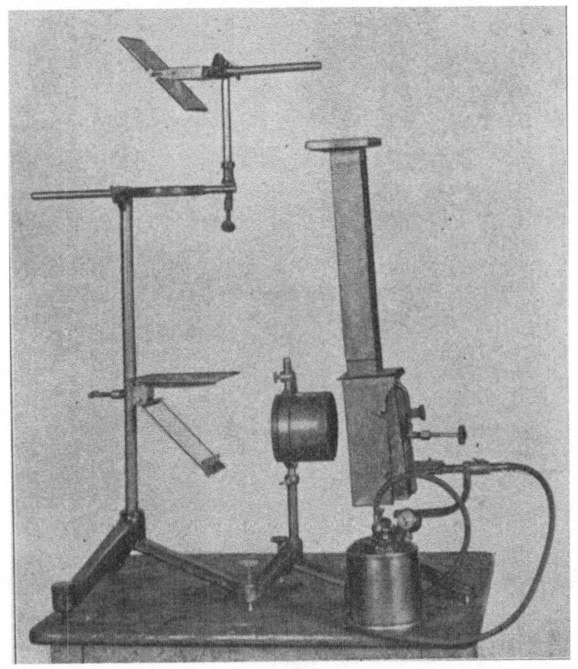

Fig. 91.

Natron) zeigt, mit sehr langen Kegeln beleuchtet. Der Kondensor besteht aus einer Linse von 15 und einer von 30 cm Brennweite. Das Thermometer hat eine Skale auf durchsichtigem Glas, trotz starker Vergrößerung erhält man sehr helle Bilder. Für ausgedehnte Lichtquellen ist dieses Objektiv nicht sehr brauchbar.

Eine schwierige Projektion ist die stroboskopische regelmäßig wiederkehrender rascher Bewegungen, z. B. die der

Schwingungen eines fallenden Wassertropfens, und zwar sind
die Schwierigkeiten um so größer, je ausgedehnter die zur
Verfügung stehende Lichtquelle ist. Dazu tritt die Schwierigkeit, den Lichtstrahl mit der umlaufenden Lochscheibe genau
ebenso häufig freizugeben, wie die Abschnürung der Tropfen
von dem Wasserstrahl geschieht. Eine möglichst einfache
Lösung dieser Aufgaben mit Hilfe von Sonnenlicht zeigt die
Fig. 93. Das Zerfallen des Strahles in Tropfen wird hier von

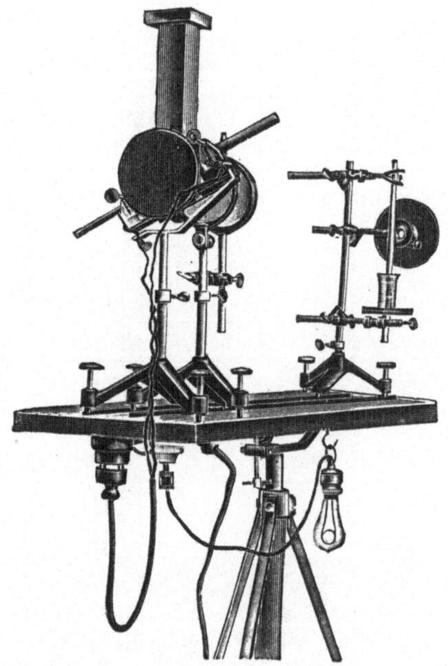

Fig. 92.

der Lochscheibe besorgt, die auch die unterbrochene Beleuchtung
bewirkt, es muß also, auch bei unregelmäßiger Drehung, beides
wenigstens nahezu in dem gleichen Rhythmus erfolgen, und es
bedarf nur einiger Sorgfalt in bezug auf die Gleichmäßigkeit
der Drehung, um vollständige Gleichheit herbeizuführen. Die
Einrichtung, mit der die Lochscheibe den Tropfenzerfall bestimmt, ist die folgende: Mit einem spitz ausgezogenen Glas-
rohre wird Luft, die einem Blasebalge unter dem Tische
entstammt, gegen die umlaufenden Löcher geblasen. Der Luft-

stoß, der bei jedem Vorbeihuschen eines Loches entsteht, wird
von einem Messingrohr dicht hinter der Scheibe aufgefangen
und durch einen Gummischlauch in eine kleine Kammer geleitet, deren Vorderwand aus ganz dünnem Glas oder Glimmer
besteht. Auf der Mitte dieser dünnen Wand ist ein Pfropfen
angekittet zur Befestigung der Ausströmungsspitze für den
Wasserstrahl, der mit einem dünnen Schlauche aus dem großen

Fig. 93.

Trichter gespeist wird. Jeder Stoß bewirkt das Abschnüren
eines Tropfens oder vielmehr eines Tropfenpaares, denn dem
Tropfen folgt regelmäßig ein winziges Tröpfchen nach. Das
Sonnenlicht wird mit einem Spiegel in horizontaler
Richtung auf die Linse von 30 cm Brennweite geleitet. Dort,
wo das Licht am engsten zusammengeschnürt ist, schneidet die
Lochscheibe durch; dicht dahinter befindet sich die Linse, die
den Wasserstrahl abbilden soll, in der Figur ist es eine zweite

Linse von 30 cm Brennweite, doch tut es ein Brillenglas von
25 bis 30 cm Brennweite eben so gut. Für den Wasserstrahl
sucht man nun die richtige Stelle auf, so daß er bei etwa
20facher Vergrößerung auf dem Schirm scharf abgebildet wird,
und stellt einen hinreichend großen Topf unter. Die Schwungmaschine, an der die Lochscheibe mit einem Scheibenträger
(Fig. 94) befestigt ist, steht auf einem besonderen Tische, um
Erschütterungen des optischen Teiles zu vermeiden. Auf die
Kugellagerachse sind möglichst große Schwungmassen aufgesetzt,
damit das gleichmäßige Drehen möglichst erleichtert werde;
auch ist es zweckmäßig, die Schnur sehr locker zu lassen, es

Fig. 94.

dauert dann zwar etwas länger, bis man die
richtige Umdrehungszahl, nämlich nur wenig
mehr, als zur Beseitigung des Flimmerns nötig
ist, erreicht, dafür werden aber Ungleichmäßig-
keiten in der Bewegung der Kurbel nicht so
auf die schnellaufende Achse übertragen. Der
Druck des Gebläses sei nicht zu stark, die
Spitze kann sehr eng sein, für den Wasserstrahl wird eine
Ausflußöffnung von $1\frac{1}{2}$ bis 2 mm etwa das günstigste sein,
die Druckhöhe richte man so ein, daß die Abschnürungs-
stelle ungefähr in der Mitte des Gesichtsfeldes liegt, und
etwa drei einzelne Tropfen noch zu sehen sind. Weiter
unten werden nämlich die kleinen Tröpfchen, die der verhältnismäßig größeren Luftreibung wegen langsamer fallen,
von den großen eingeholt und beim Anprall beiseite ge-
schleudert, so daß Unregelmäßigkeiten in das Bild kommen.
Bei gleichmäßiger Drehung der Scheibe scheinen die Tropfen
zu ruhen, bei beschleunigter Bewegung scheint der Strahl rückwärts, bei verlangsamter vorwärts zu fließen, was ja leicht zu
erklären ist; in diesen beiden Fällen kann man die Schwingungen
der Tröpfchen beobachten.

Wird für den eben beschriebenen Versuch das Licht einer
Bogenlampe benutzt, so scheint das Zweckmäßigste zu sein,
daß man das Licht mit zwei Linsen von 15 cm Brennweite,
die ihre gewölbten Seiten einander zuwenden, sammelt und
die Linse von 30 cm Brennweite als Projektionsobjektiv verwendet. Zwischen diese und die ihr zunächststehende Beleuchtungslinse kommt die Lochscheibe und dicht davor noch

eine feststehende Blende zur Fernhaltung des nicht genügend gesammelten Lichtes, das das Bild unscharf machen würde. Es ist aber sehr sorgsam die richtige Entfernung (ungefähr 14 cm) zwischen der 30 cm-Linse und der Blende auszuprobieren und die Stellung der Beleuchtungslinsen und der Lampe danach zu richten, sonst erhält man kein gutes Bild.

Mit dem Mitalicht benutzt man bei diesem Versuch zwei Beleuchtungslinsen und das Petzvalobjektiv. Dicht hinter diesem, d. h. dem Schirm zugewandt, ist die engste Stelle des Lichtkegels, hier gehört eine feste Blende von 2 cm Breite und die Lochscheibe hin, der man in diesem Fall nur 4 Löcher gibt. Man kann mit diesen Mitteln nur etwa zehnfache Vergrößerung anwenden.

Die elektrische Bogenlampe bedarf von Zeit zu Zeit des Nachregulierens; Lampen mit Selbstregulierung sind für physikalische Zwecke aus verschiedenen Gründen nicht sehr zu empfehlen. Im allgemeinen wird diese Notwendigkeit der Bedienung der Lampe nicht als eine Störung empfunden werden; das ist wohl nur dann der Fall, wenn der Projektionsapparat nur dazu dienen soll, bei einem, vielleicht schwierigen Versuch das Meßinstrument zu vergrößern. In diesem Falle ist eine Lichtquelle sehr angenehm, die durchaus keine Bedienung verlangt, während meist nur eine geringe Vergrößerung, also Helligkeit erforderlich ist. Für solche Hilfsprojektionen ist die Nernstprojektionslampe der Allgemeinen Elektrizitätsgesellschaft sehr geeignet, die Fig. 101 in etwas abgeänderter, eingekapselter Form zeigt, und zwar benutzt für die Abbildung eines Exnerschen Elektrometers.

Nächst der zweckmäßigen Einrichtung und Behandlung des Projektionsapparates ist seine Aufstellung im Hörsaal sorgsamster Überlegung wert. Der Platz hinter den Hörern kommt für experimentelle Zwecke nicht in Betracht, trotzdem sollte man in großen Hörsälen sich die Möglichkeit sichern, dort einen Projektionsapparat aufstellen zu können, weil für eigentliche Lichtbildervorträge kein annähernd gleich guter Platz zu finden ist. Für den Projektionsapparat zu experimentellen Zwecken halten wir die oben aufgestellte Forderung fest, daß die Hörer im allgemeinen einen klaren Einblick in seinen Aufbau zur Verfügung haben sollen, der Apparat muß sich also vor ihnen befinden, und zwar so, daß sie nicht zu schräg auf ihn blicken. Die Schwierigkeit einer geeigneten Aufstellung wächst, weil auch der Projektionsschirm sowie eine größere Anzahl physikalischer Apparate von vorn besehen sein wollen und deshalb einen guten Platz beanspruchen. Es ist das eine Tatsache, die anscheinend nicht genügend gewürdigt wird, denn es ist sonst nicht zu verstehen, daß physikalische Hörsäle meist nach dem Muster chemischer gebaut und eingerichtet werden. Chemische Versuche werden fast ausnahmslos in Flaschen, Bechergläsern, Büretten, kurz in Apparaten vorgeführt, die von allen Seiten gleich gut sichtbar sind, weil sie von allen Seiten gleich aussehen. Physikalische Apparate haben im Gegensatz dazu meist eine Vorderseite, die nur innerhalb eines beschränkten Winkelraumes in ausreichender Weise erkannt werden kann. Wenn man sich auch oft dadurch helfen kann, daß man den Apparat dreht und den verschiedenen Hörern nacheinander zeigt, so ist das doch durchaus nicht immer zu machen und kostet in jedem Falle Zeit. Es ist also jedenfalls nicht müßig, zu überlegen, ob nicht im Bau und in der Einrichtung des Hörsaales sich günstigere Bedingungen schaffen lassen, als bisher meist geschieht. Um Unterlagen hierfür zu gewinnen, habe ich Versuche mit Apparaten, Wandkarten, Projektionsschirmen angestellt und gefunden, daß im allgemeinen ein Winkelraum bis zu 120° für die Betrachtung gut zu brauchen ist, daß für größere Winkel aber die Verhältnisse sehr rasch ungünstig werden. Man übersieht leicht, daß dieser Umstand die sehr langen Experimentiertische, die sich in chemischen Hörsälen so gut bewährt haben, für physikalische Hörsäle als völlig minderwertig erscheinen läßt. Ebenso verbietet dieser Umstand auch, die seitlichen Sitzplätze bis dicht vor den Experimentiertisch reichen oder gar bogenförmig ihn umfassen zu lassen. Es ergeben sich vielmehr folgende Grundlinien für die Raumeinteilung. Es sei in Fig. 95 F ein Experimentiertisch von 80 cm Breite und 2 m Länge, so geben die durch seine Mitte unter 30° zu seiner Längsrichtung gezogenen gestrichelten Linien den für die Sitze der Hörer brauchbaren Raum an. Dieselben Linien grenzen zugleich auf der Wand den für die Wandtafel und den großen Lichtbilderschirm geeigneten Platz ab. Da

nun in vielen Fällen ein Experimentiertisch der angegebenen
Größe nicht ausreichen wird, sind bei G und H noch zwei
Tische gezeichnet, die, wie man durch Nachmessen der Winkel
leicht feststellen kann, in bezug auf günstige Stellung zu den
Hörern den Tisch F ganz erheblich übertreffen. Es empfiehlt
sich, diese Tische nicht oder wenigstens nur einen von ihnen
am Fußboden fest zu machen, damit man in der Lage ist, sich
für umfangreiche Apparate und besonders für nicht vorherge-
sehene Fälle Platz zu schaffen. Für die Tische G und H kann
Gas, Wasser und Elektrizität ohne Unbequemlichkeiten von der

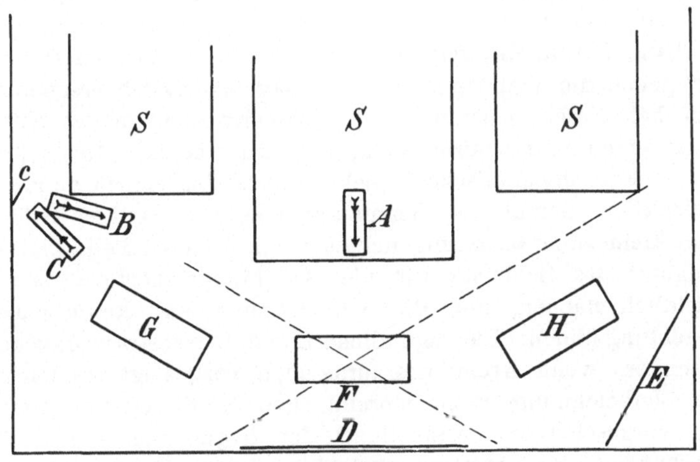

Fig. 95.

benachbarten Wand bezogen werden, während für F Einbau
der Leitungen wohl kaum zu vermeiden ist.

Wo bleibt nun in diesem Grundriß der Projektionsapparat?
Der nächstliegende Gedanke ist, den Schirm bei D unterzu-
bringen, dementsprechend hat man in vielen Hörsälen den
Projektionsapparat bei A eingebaut. Indes dieser Ort ist
ungeeignet, der Apparat nimmt da wenigstens 9 der besten
Plätze weg, der Einblick in ihn ist sehr mangelhaft, und da der
Apparat aus naheliegenden Gründen nur tief stehen kann,
stehen bei der Projektion die auf F aufgestellten Apparate beständig im Wege. Eine andere, und zwar sehr gute Lösung,
wenn es sich um den gelegentlichen kurzen Gebrauch des

Apparates handelt, ist es, den Apparat auf einen der drei Tische zu stellen mit einem schrägen Spiegel davor und die Decke des Raumes als Projektionsschirm zu benutzen. Da die Decke von den Fenstern sehr wenig Licht bekommt, so ist es nicht nötig, den Raum zu verdunkeln, gerade für gelegentliche Projektionen ein großer Vorteil. Für längere Dauer ist das Hinaufblicken zu ermüdend, der Experimentator selbst kann sich freilich mit einem Spiegel helfen, dennoch wird man für längeren Gebrauch dem Apparat einen anderen Platz suchen. Er findet sich an der Stelle B, freilich für die vordersten Hörer nicht ganz günstig zum Einblick, aber doch bei Benutzung der langbrennweitigen Linse meist noch ausreichend. Der Vorhang E füllt die gegenüberliegende Ecke aus, unter etwa 30^0 gegen die Wand geneigt. Es mag bedenklich erscheinen, daß bei dieser Aufstellung der Apparat nicht in der Mittelsenkrechten zum Schirm steht, sondern um fast 15^0 schräg dazu. Für physikalische Projektionen ist das jedoch ganz unbedenklich, zumal bei Benutzung langbrennweitiger Gläser; eine kleine Schrägstellung der zu projizierenden Teile läßt die Neigung des Schirmes für die Abbildungsschärfe stets unschädlich machen, und die Verzeichnung wird kaum jemals Beachtung finden. Für eigentliche Lichtbildervorträge dagegen, besonders wenn Architekturaufnahmen vorgezeigt werden, ist die Verzeichnung recht störend, und für diesen Fall bedarf die vorgeschlagene Aufstellung der Ergänzung durch die Möglichkeit, den Apparat auch hinter den Hörern aufstellen und auf den Schirm D projizieren zu können. Kommt es auf einen kleinen Lichtverlust nicht an, so kann man statt der Stelle B auch C wählen, wo der Pfeil die Richtung der Strahlen angibt, die durch den Spiegel c auf den Schirm E geleitet werden. In dieser Stellung ist sowohl für den Apparat wie für den Schirm die Blickrichtung sehr günstig. Für Wandtafeln sind den Tischen G und H gleichlaufend zwei starke Drähte auszuspannen. Sind die Tafeln, was zur Erhöhung ihrer Haltbarkeit oft geschieht, lackiert, so können sie nur aus einem bedeutend kleineren Winkelraum als dem angegebenen gut erkannt werden und müssen unbedingt drehbar aufgehängt und durch langsame mehrmalige Drehung während der Erläuterung allen Hörern nacheinander zugewandt werden.

Sechster Teil

Einige elektrische Versuche.

Im Gebiete der elektrischen Apparate habe ich nur zwei immer wiederkehrende Formen gefunden, die sich dem Plane meines Baukastens zwanglos anpassen, es ist das die isolierende Stütze einer sehr großen Zahl von elektrostatischen Apparaten und eine bei den elektrischen Strömen sehr oft verwendbare, meines Wissens in dieser Form bisher noch nicht bekannte gestielte Doppelklemme. Es lassen sich zwar noch viele andere Apparatenteile, insbesondere Stromspulen und Magnetkerne, in solcher Form bauen, daß sie mehr als bisher zu verschiedenen Zwecken brauchbar werden, indes der Zusammenhang mit dem bisher Beschriebenen war mir ein zu loser, um derartige Stücke zu meinem Baukasten zu rechnen. Sie bilden mehr eine selbständige Sammlung für elektrische Versuche, während die oben erwähnten für sich allein selten verwendbar, vielmehr überall als eine bloße Ergänzung zu den den Grundstock des Baukastens bildenden Stativen auftreten.

Die Isolierstütze besteht aus einem in bezug auf sein Isoliervermögen sehr zuverlässigen, schwer schmelzbaren Glase, das man allenfalls noch mit einer Auflösung von Schellack in Aceton lackieren kann. Das Glasrohr ist mit Hilfe eines Stückchens Messingrohr auf einem 13 mm starken Messingstabe befestigt und oben mit einer Messingkappe von 14 mm äußerem Durchmesser versehen (Fig. 96). Mit dem Stiel kann der Isolator in Rohrstative gesteckt werden, wie in Fig. 100 oder in Muffen eingeklemmt werden, wie in Fig. 102. Über die Kappe passen

auf federnd geschlitztem Rohr sitzende gerade Haken (Fig. 97)
oder gebogene Haken, wie einer in Fig. 103 verwendet ist,
sowie Klemmschrauben (Fig. 98) und noch etliche andere Stücke,
die bei der Beschreibung damit aufgebauter Apparate genannt
werden sollen. Nicht selten ist als Zwischenstück noch ein
Verlängerungsstück (Fig. 99) von Nutzen. Es seien nun einige

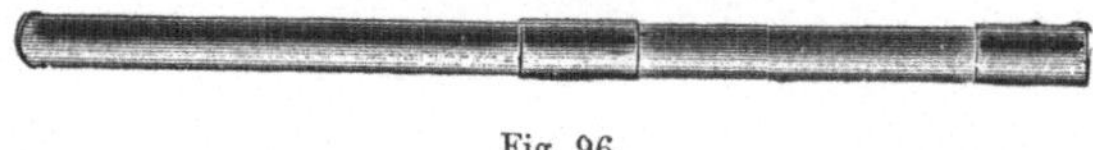

Fig. 96.

Beispiele der Verwendung dieser Isolierstützen und ihres Zu-
behörs beschrieben, deren Zahl sich leicht vermehren ließe.

Fig. 100 stellt den von Ayrton zur Erläuterung der Wir-
kungsweise der Influenzmaschinen, insbesondere des Thomson-
schen Replenishers, angegebenen Apparat dar. Das eine Draht-

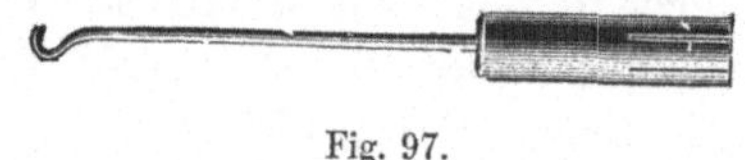

Fig. 97.

netz, sagen wir das rechte, wird schwach geladen, etwa mit posi-
tiver Elektrizität. Man faßt nun die beiden Seidenschnüre und
bringt die daran hängenden Kugeln gleichzeitig in Berührung mit
je einem Ende des zwischen den Drahtnetzen aufgestellten Stabes
dann wird durch Verteilung die linke Kugel positiv, die rechte

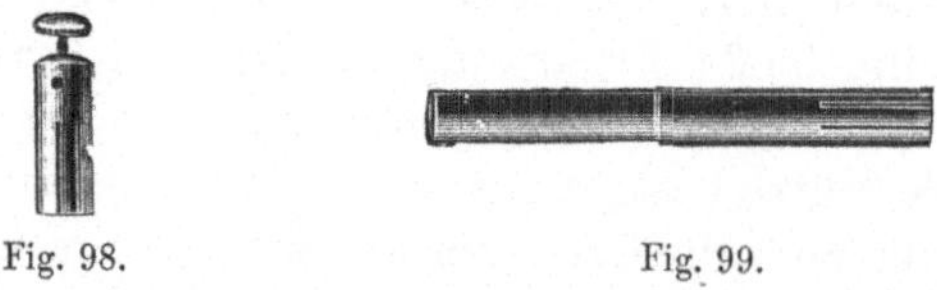

Fig. 98.　　　　　　　　　　　　Fig. 99.

negativ geladen. Nunmehr bringt man die positiv geladene in
das rechte, die negativ geladene in das linke Netz, wo sie ihre
Ladung vollständig abgeben. Dadurch wird die Ladung des
rechten Netzes vermehrt und das linke Netz entgegengesetzt
geladen. Wiederholt man die Bewegung der Kugeln, so wiederholt sich auch der Ladungstransport, und zwar mit jedem Male

wirksamer, bis die Netze schließlich stark geladen sind, und die Pendelchen aus Stanniol an einem Lamettastiel heftig abstoßen. Die Netze stehen auf Messingscheiben, an die unten ein auf die Kappe der Isolierstütze passendes Rohr gelötet ist, sie bilden mit den Scheiben zusammen Faradaysche Käfige, an denen die Verteilung ruhender Elektrizität mit einem Probescheibchen und einem empfindlichen Elektroskop sehr gut nachgewiesen werden kann.

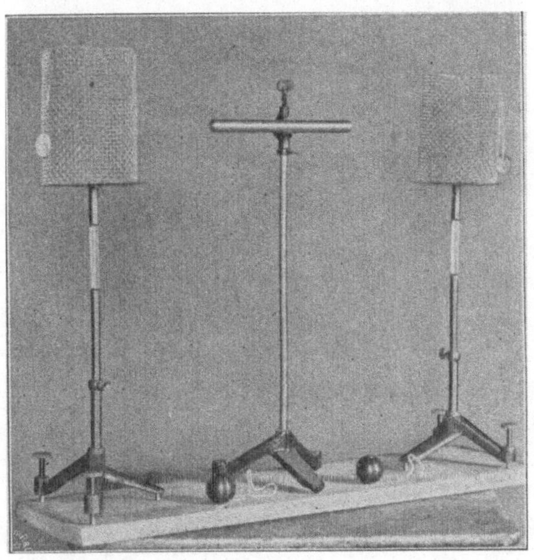

Fig. 100.

In Fig. 101 sind dieselben beiden Scheiben an horizontal eingespannten Isolierstützen zu einem Kondensator benutzt, dessen Spannung bei unveränderter Ladung mit einem Exnerschen Elektrometer gemessen wird. Da dieses Instrument aber zu klein ist, um von den Hörern erkannt zu werden, wird es mit dem früher schon erwähnten Projektionsapparat auf der Wand abgebildet. Zur Parallelverschiebung der Kondensatorplatten dient die von der optischen Bank her schon bekannte Leitschiene mit den darin laufenden Rohrstativen.

Einen **Henley**schen Auslader, der vor dem üblichen noch den Vorteil einer viel ausgiebigeren Verstellbarkeit besitzt, zeigt die Fig. 102. Die beiden Isolierstützen sind in wagerechter Stellung mit Kreuzmuffen an einem vom Stativ getragenen Stabe gehalten. Auf ihren Kappen stecken Klemmschrauben (Fig. 98), durch deren Bohrung ein dünner Messing-

Fig. 101.

stab gesteckt ist, der an beiden Enden Kugeln, Klemmschrauben oder Spitzen trägt. Das hölzerne Tischchen wird von einem Muffenstabe und einer Rohrmuffe getragen und kann bei Bedarf mit einer Glasplatte oder besser mit einem Paraffinklotz bedeckt werden.

Wie man denselben Apparat zu einem Halter für Geißlersche Röhren, zu einem Funkenzieher mit Spitze und Platte, zum Glasdurchbohren, zur Erzeugung **Lichtenberg**ischer Figuren usw.

umzugestalten hat, braucht wohl nicht im einzelnen beschrieben zu werden.

Fig. 103 ist eine Aufstellung zur Benutzung eines Flammenkollektors und zur Erläuterung des Potentialbegriffes. Rechts steht ein Elektroskop aus Aluminiumblättchen an Lamettafäden, das mit einem Schutzzylinder vor elektrostatischen Einflüssen geschützt ist. Durch diesen Schutzzylinder ist es aus einem Ladungsmesser zu einem Spannungsmesser geworden und hat dadurch meines Erachtens den Namen Elektrometer verdient. Es wird oft behauptet, die Anwesenheit einer Skale sei für diese

Fig. 102.

Benennung entscheidend, doch ist zu bedenken, daß die Anwesenheit einer Skale noch keine eindeutige Beziehung zwischen Spannung und Ausschlag herbeiführt, während der Schutzzylinder das tut, und daß man in der messenden Elektrizitätsforschung nur Spannungsmesser, nie bloße Ladungsmesser als Elektrometer zu bezeichnen pflegt. Daß die Anwesenheit der Skale nebensächlich ist, geht auch daraus hervor, daß man andere Meßinstrumente, z. B. Barometer, selbst für höchste Anforderungen nicht selten ohne fest damit verbundene Skale baut.

Das Elektrometer ist nun verbunden mit einem isolierten langen Leiter, der sich in dem Felde einer kräftig geladenen Netzplatte befindet. Damit die Ladung dieser bei der nicht ganz geringen Dauer des Versuches keine merkliche Veränderung erleide, ist mit ihr eine Leidener Flasche von etwa 1 Liter Glasgröße verbunden, es sind das je nach der Glasdicke etwa 500 bis 1000 ccm Kapazität. Die blecherne Spirituslampe bewirkt, daß sich in etwa einer halben Minute eine bestimmte Stellung der Blättchen einstellt, die außer von der Ladung der Netzplatte

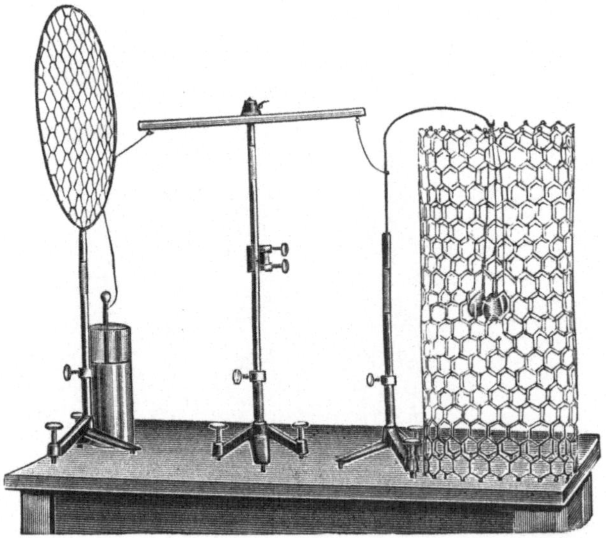

Fig. 103.

vor allem von der Stellung des Lämpchens auf dem Leiter abhängt. Für das Verständnis dieses Versuches besteht die Schwierigkeit für den ersten Augenblick darin, daß einerseits der Leiter eben als Leiter auf seiner Oberfläche durchweg gleiche Spannung haben muß, daß andrerseits seine Teile sich an verschiedenen Punkten des Feldes der Netzplatte, also in Gebieten verschiedener Spannung, befinden. Die Lösung ist die, daß auf jeder Stelle des Leiters eine gewisse Ladung durch das Feld der Platte festgehalten wird, und daß sich daselbst außerdem eine freie Ladung befindet, die die Spannungsgleichheit auf dem Leiter herzustellen hat. Insofern als diese auch ein Feld hervorruft, ist es also richtiger zu sagen, daß auf dem Leiter eine bestimmte Ladung durch das Feld der Netzplatte und der übrigen auf dem gesamten Apparat befindlichen Ladungen festgehalten wird. Die Flamme gibt nun andauernd Teile der zunächst an ihrem Orte befindlichen freien Ladung weg, so daß, wenn diese erschöpft ist, nur die durch das Feld gebundene Ladung übrig bleibt. Der Leiter nimmt also die Spannung an, die in der Nachbarschaft der Flamme seiner Umgebung, d. h. dem Felde, entspricht. Mit andern Worten, die Flamme gleicht sich mit dem Felde aus, sie ist also geeignet, ein Feld abzutasten, die Spannungsverteilung in einem Felde festzustellen.

Die Netzplatten sind geeignet für ein Teslasches Hochfrequenzfeld sowie zu mancherlei Spannungsversuchen. Mit der

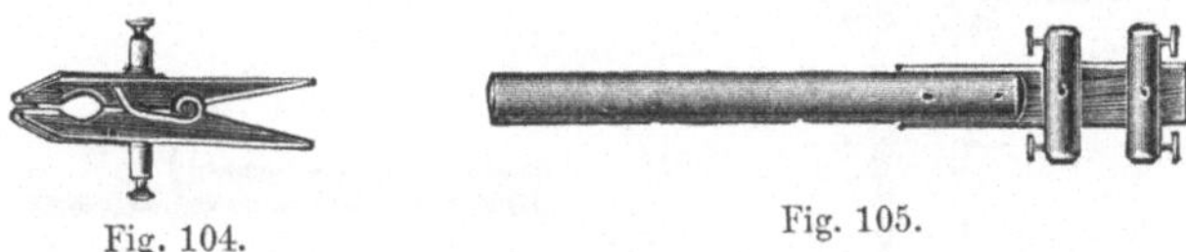

Fig. 104. Fig. 105.

Spiritusflamme auf langem Glasstabe und einem Exnerschen Elektrometer kann man bei ruhigem Wetter das elektrische Spannungsgefälle der Atmosphäre messen, das bei wolkenfreiem Himmel bis zu einigen hundert Volt auf 1 m beträgt.

Bestreut man ein enges Drahtnetz, das wagerecht angebracht und gut isoliert ist, mit trocknem Sand, so entstehen starke Ladungen.

Bei Versuchen mit elektrischem Strom kommt man nicht selten in Verlegenheit, wenn man Platten, Blechen, Stäben, dünnen Drähten oder Lamettafäden Strom zuführen will, denn in den meisten Fällen hat man für diese Zwecke keine geeignete Klemme. Fast immer hilft hier die nebenstehend abgebildete Klammer, die aus einer photographischen Kopierklammer durch Anfügen zweier, die Backen umfassender Bleche und zweier Klemmschrauben entstanden ist. Man kann mit diesen Klammern z. B. eine sehr brauchbare Bogenlampe für Strahlungsversuche improvisieren. Die Kohlen werden an ihren mit Papier umwickelten Enden in Klemmen oder Retortenhaltern gefaßt, und ihren Mitten wird der Strom mit obigen Klammern zugeführt.

Ist einer der Halter drehbar angebracht, z. B. ein Schellbach-
scher Retortenhalter benutzt, so kann man leicht die Bogenlänge
regulieren und hat eine bequem benutzbare Lampe von größter
Übersichtlichkeit.

Sehr vielseitig verwendbar sind die in Fig. 105 abgebildeten
gestielten Doppelklemmen (Stielklemmen). An einem Messing-
stiele von 13 mm Dicke ist ein Stück Holz festgeschraubt, in
das zwei messingne Klemmschrauben eingelassen sind.

Ein sehr schöner Versuch zur Einführung in den Galvanismus,
der jedenfalls heutzutage näher liegt als der historische Frosch-
schenkelversuch, ist der folgende. Ein amalgamiertes Zinkblech
und ein Kupferblech werden mit ihren angelöteten Stielen von

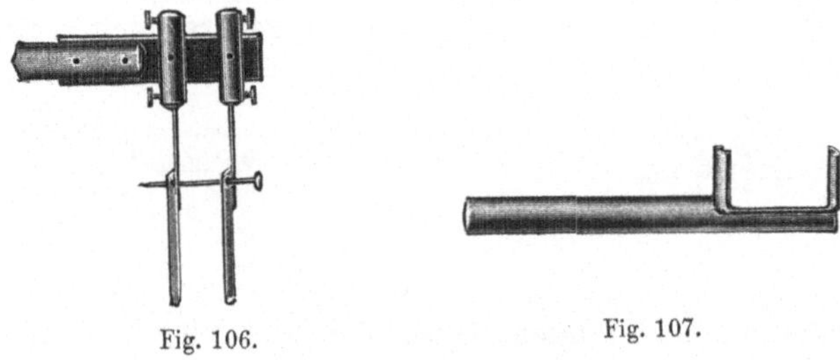

Fig. 106.   Fig. 107.

der Doppelklemme gehalten. Sie tauchen in einen kleinen Glastrog, der mit verdünnter Schwefelsäure gefüllt ist und mit dem
Halter 107 an demselben Stativ befestigt wird wie die Doppelklemme. Das Ganze wird in den Projektionsapparat 89 gestellt,
und man beobachtet nun eine sehr langsame Wasserstoffentwick-
lung am Zink. Am oberen Rande der beiden Bleche befinden
sich noch zwei Löcher, deren Ränder vor dem Versuche blank
gemacht worden sind. Durch diese Löcher schiebt man nun einen
zugespitzten Messingstab, der am andern Ende mit einem
schweren Knopf (zur Verbesserung der Berührung) versehen ist.
Alsbald entsteht an dem Kupfer eine lebhafte Gasentwicklung,
während sich von dem Zink eine schwere Schliere von Zinksulfat
herabsenkt, die sich im Laufe einiger Minuten zu großer Deut-
lichkeit entwickelt. Als zweiten Versuch kann man einen Trog
mit eingekitteter Querwand verwenden. Hier tritt Gasentwicklung am Kupfer erst auf, wenn man die Querwand mit einem
säuregefüllten Heber überbrückt. Man ersetzt ferner den Messing-

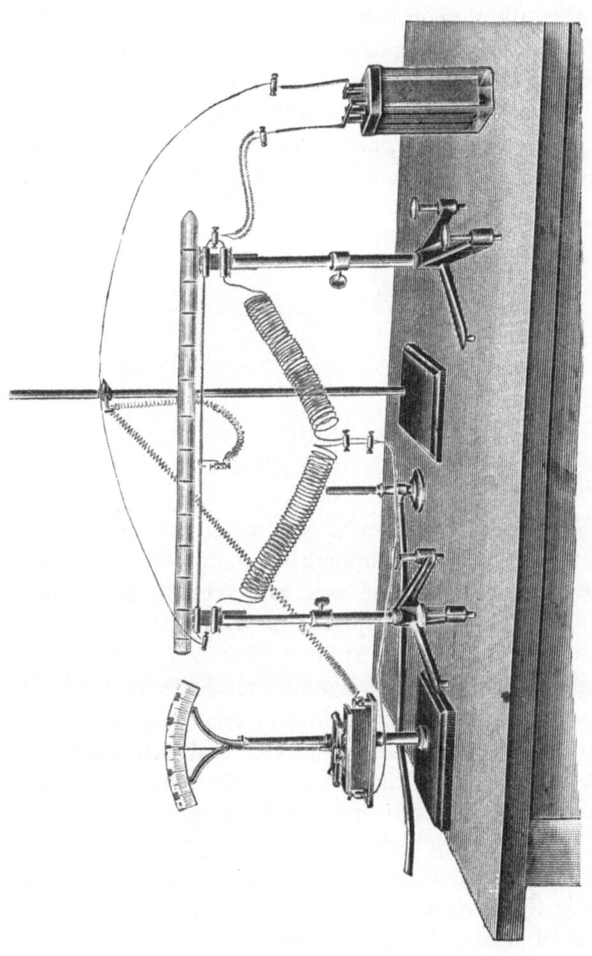

Fig. 108.

stab durch einen die oberen Klemmen verbindenden langen, dünnen Draht, etwa 10 Ohm Neusilber; die Gasentwicklung zeigt sich zwar wieder, aber in sehr vermindertem Maße. Als Ausgangsgedanke für die ganze Versuchsreihe ist wohl der Kunstgriff der Chemiker geeignet, die, wenn sie aus reinem Zink und Säure Wasserstoff entwickeln wollen, etwas Platinblech hinzuwerfen, um den Vorgang zu beschleunigen.

Die Elektroden für den Bleibaum zeigt Fig. 109 in die Doppelklemme eingesetzt. Der ganze Aufbau ist in Fig. 89 abgebildet. Eine Blechklemme, besonders für Platinbleche, zeigt Fig. 110.

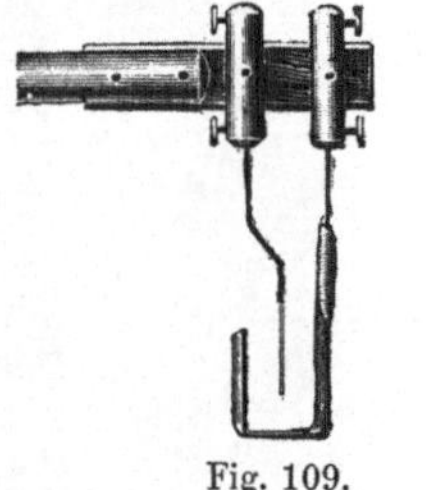

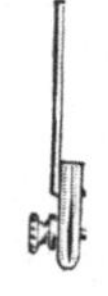

Fig. 109.   Fig. 110.

In die Rohrstative gesteckt oder auch an Stativen mit Muffen befestigt, lassen sich die Doppelklemmen ebenso verwenden wie Holtzsche Fußklemmen, nur, wie mir scheint, noch vielseitiger. Fig. 108 zeigt als ein Beispiel eine Wheatstonesche Brücke von höchst übersichtlichem Aufbau. Von den beiden miteinander zu vergleichenden Spiralen wickelt man die eine aus Messingdraht, die andere aus Eisendraht und zeigt, wie verschieden der Temperaturkoeffizient beider ist. Der Maßstab über dem Gleitdraht ist, was aus der Figur wohl nicht ganz deutlich hervorgeht, nichts anderes als der in Fig. 29 abgebildete Hebel, dessen beide äußerste Teilstriche hier außer acht gelassen werden. Nach diesem Beispiel lassen sich noch außerordentlich viele Verwendungen der Stielklemme finden, die in den meisten Fällen zu einem sehr übersichtlichen Aufbau führen.

Register.